教育部"一村一名大学生计划"教材

节水灌溉技术

李援农　主编

国家开放大学出版社·北京

图书在版编目（CIP）数据

节水灌溉技术/李援农主编. —北京：国家开放
大学出版社，2020.5

教育部"一村一名大学生计划"教材

ISBN 978 - 7 - 304 - 09486 - 7

Ⅰ.①节… Ⅱ.①李… Ⅲ.①农田灌溉—节约用水—
开放教育—教材 Ⅳ.①S275

中国版本图书馆 CIP 数据核字（2020）第 055016 号

教育部"一村一名大学生计划"教材

节水灌溉技术

JIESHUI GUANGAI JISHU

李援农　主编

出版·发行：国家开放大学出版社
电话：营销中心 010 - 68180820　　　总编室 010 - 68182524
网址：http://www.crtvup.com.cn
地址：北京市海淀区西四环中路 45 号　邮编：100039
经销：新华书店北京发行所

策划编辑：王　普　　　　　　版式设计：何智杰
责任编辑：秦　莹　　　　　　责任校对：朱翔月
责任印制：赵连生

印刷：河北鑫兆源印刷有限公司
版本：2020 年 5 月第 1 版　　　2020 年 5 月第 1 次印刷
开本：787mm×1092mm　1/16　　印张：12　　字数：265 千字

书号：ISBN 978 - 7 - 304 - 09486 - 7
定价：26.50 元

意见及建议：OUCP_KFJY@ouchn.edu.cn

序

  "一村一名大学生计划"是由教育部组织、中央广播电视大学（现国家开放大学）实施的面向农业、面向农村、面向农民的远程高等教育试验。令人高兴的是计划已开始启动，围绕这一计划的系列教材也已编撰，其中的《种植业基础》等一批教材已付梓。这对整个计划具有标志性意义，我表示热烈的祝贺。

  党的十六大报告提出全面建设小康社会的奋斗目标。其中，统筹城乡经济社会发展，建设现代农业，发展农村经济，增加农民收入，是全面建设小康社会的一项重大任务。而要完成这项重大任务，需要科学的发展观，需要坚持实施科教兴国战略和可持续发展战略。随着年初《中共中央国务院关于促进农民增加收入若干政策的意见》正式公布，昭示着我国农业经济和农村社会又处于一个新的发展阶段。在这种时机面前，如何把农村丰富的人力资源转化为雄厚的人才资源，以适应和加速农业经济和农村社会的新发展，是时代提出的要求，也是一切教育机构和各类学校责无旁贷的历史使命。

  中央广播电视大学长期以来坚持面向地方、面向基层、面向农村、面向边远和民族地区，开展多层次、多规格、多功能、多形式办学，培养了大量实用人才，包括农村各类实用人才。现在又承担起教育部"一村一名大学生计划"的实施任务，探索利用现代远程开放教育手段将高等教育资源送到乡村的人才培养模式，为农民提供"学得到、用得好"的实用技术，为农村培养"用得上、留得住"的实用人才，使这些人才能成为农业科学技术应用、农村社会经济发展、农民发家致富创业的带头人。如果这一预期目标能得以逐步实现，就为把高等教育引入农业、农村和农民之中开辟了新途径，展示了新前景，作出了新贡献。

  "一村一名大学生计划"系列教材，紧随着《种植业基础》等一批教材出版之后，将会有诸如政策法规、行政管理、经济管理、环境保护、土地规划、小城镇建设、动物生产等门类的三十种教材于九月一日开学前陆续出齐。由于自己学习的专业所限，对农业生产知之甚少，对手头的《种植业基础》等教材，无法在短时间内精心研读，自然不敢妄加评论。但翻阅之余，发现这几种教材文字阐述条理清晰，专业理论深入浅出。此外，这套教材以学习包的形式，配置了精心编制的课程学习指南、课程作业、复习提纲，配备了精致的音像光盘，足见老师和编辑人员的认真态度、巧妙匠心和创新精神。

　　在"一村一名大学生计划"的第一批教材付梓和系列教材将陆续出版之际，我十分高兴应中央广播电视大学之约，写了上述几段文字，表示对具体实施计划的学校、老师、编辑人员的衷心感谢，也寄托我对实施计划成功的期望。

教育部副部长　吴启迪

2004 年 6 月 30 日

前　言

　　水是生命之源、生产之要、生态之基，是万物生长发育之本。我国是世界上 13 个贫水国之一，人均水资源量仅为世界人均水平的 25%。我国水资源时空分布严重不均，供需矛盾突出。农业是一个用水大户，农业用水占全国总用水量的 60% 以上。2017 年，我国农田灌溉水有效利用系数仅为 0.54，与发达国家（0.7～0.8）差距很大。要解决我国农业灌溉缺水问题，必须大力发展节水灌溉技术。

　　本书是教育部"一村一名大学生计划"教材，适用于农业技术类、林业技术类专业的学生。本书共八章，分别为绪论、作物需水量与灌溉制度、输水节水技术、地面灌溉工程与技术、喷灌技术、微灌技术、节水灌溉自动化技术和节水灌溉的经济效益。

　　本书由西北农林科技大学水利与建筑工程学院李援农教授担任主编。编写分工如下：第一章和第二章由李援农、西北农林科技大学水利与建筑工程学院谷晓博副教授、南阳师范学院土木建筑工程学院蒋耿民编写，第三章由谷晓博和甘肃农业大学水利水电工程学院银敏华副教授编写，第四章至第六章由李援农、新疆农业大学水利与土木工程学院洪明副教授和谷晓博编写，第七章和第八章由银敏华、蒋耿民编写。全书由李援农统稿修改，蔡焕杰教授、张富仓教授、牛文全研究员参与了大纲讨论和书稿审定工作。

　　由于编者水平有限，书中难免存在不足之处，衷心希望广大读者提出宝贵的意见和建议。

编　者

2020 年 3 月

目　录

第一章 绪 论

本章提要

节水灌溉是农业可持续发展的必由之路。节水灌溉就是科学高效利用灌溉水资源。节水灌溉技术是具有良好的节水增产作用和一定社会生态效益的高效灌水技术。节水灌溉技术由工程节水技术、农艺节水技术和管理节水技术组成，并随实践的不断发展而发展。

主要内容

1. 节水灌溉的内涵及其范畴。
2. 发展节水灌溉的重要意义。
3. 节水灌溉工程建设的基本工作及原则。

学习目标

1. 熟悉：农业生产中水分生产的主要环节、工程节水措施、发展节水灌溉的必要性。
2. 了解：节水灌溉工程建设原则。

水是农业的命脉，是发展农业的基本要素，没有水就没有农业。节水灌溉是随着灌溉科学的发展和水资源的日益紧缺而形成的一门新兴学科。其含义很广，方法和技术也很多，并随实践的发展而不断更新。采用节水灌溉技术进行生产的农业称为节水农业。节水农业一方面要求在农业生产和农村经济活动中节约用水；另一方面要求提高作物生产过程中所有环节的水分利用率。发展节水农业的根本目的是在有限的水资源条件下，实现区域农业生产的效益最大化，其本质是提高农业生产单方水的经济产出。

第一节 节水灌溉的内涵及其范畴

一、节水灌溉的内涵

节水灌溉是根据作物的需水规律、当地农业气象条件及供水条件等，采取工程、农艺、管理等措施，用尽可能少的水投入，获得最佳的经济效益、社会效益和生态效益。其既是技术进步的产物，又是现代农业的重要组成部分。其核心是在有限的水资源条件下，通过采用先进的水利工程技术、适宜的作物生产技术和用水管理措施，充分提高灌溉水的利用率和水分生产率。节水灌溉技术体系包括工程技术、农艺技术，以及与这些技术相应的节水新材料、新设备等。

自然界的水转化为作物产量，一般要经过以下四个环节：

（1）对水资源进行合理开发，使其成为农业可用水源；

（2）将水从水源输送至田间；

（3）把引入田间的水均匀地分配到指定的区域并储存到土壤中；

（4）作物经根系吸收土壤水，通过体内生理生化过程将其转化为作物产量。

具体做法如下。

（一）合理开发农用水资源

农用水资源包括降水、地表水、地下水、土壤水和再生水。农用水资源的合理开发，是指采取必要的工程技术措施，对天然状态下的水进行有目的的干预、控制和改造，在维护生态平衡的条件下，为农业生产提供一定水量的活动。

1. 降水

降水是各种农用水资源的重要来源。从广义上说，水资源的利用即降水的利用。直接利用降水供给作物用水，是投资省、见效快的途径。我国多年平均降水总量为 61 900 亿 m^3，约合水深 648 mm，目前约有 56% 的降水消耗于陆面蒸发与植株蒸腾，进一步开发利用的潜力很大。

2. 地表水

地表水是我国农田灌溉的主要水源。我国多年平均地表河川径流量为 2 710 亿 m^3，目前利用率仅为 15.4%，其中 80.1% 用于灌溉。一般地表水灌区仅 30%～40% 的地表水被利用，未利用的部分主要为雨季洪水和深层渗漏，且分布在长江以南的广大地区。北方地区的地表水资源开发潜力不大。

3. 地下水

我国多年平均可更新地下水资源量为 8 290 亿 m^3，其中与地表水重复部分为 7 300 亿 m^3。目前地下水的直接利用量为 898 亿 m^3，其中约 53.1% 用于农田灌溉，井灌面积约占全国粮食灌溉面积的 25%，并且多为旱涝保收的高产稳产田。但是，一些地区已因严重超采地下水发生一系列生态环境问题，合理开发地下水资源已成为当务之急。

4. 土壤水

近年来，人们逐渐认识到，在干旱半干旱地区，土壤水也是相当重要的农用水资源。土壤水既具有水资源的基本特征，又与重力水资源有区别。土壤水具有不可调度性、不可开采性，只能就地被作物利用，或者直接蒸发返回大气。对土壤水的利用，基本上是自然利用，不需要进行较大的工程投资。据调查，在我国北方地区，土壤水资源占降水资源的 60%～70%，合水深 360～420 mm。试验结果表明，在小麦生育期内，土壤水利用量可占全部耗水量的 1/3，但在多数地区土壤水未能得到充分利用。

5. 再生水

再生水包括生活与工业污水、咸水、微咸水和灌溉回归水，也是一种可开发利用的农用水资源。我国生活与工业污水排放量很大。如果将这部分污水资源加以回收并合理开发利用，可在一定程度上缓解水资源的供需矛盾。我国还有相当数量的咸水和微咸水资源。仅华北平原浅层地下咸水面积就约占平原总面积的60%，其中矿化度为 2~3 g/L 的微咸水面积约为 3.6 万 km^2，占咸水区面积的40%。据计算，华北平原浅层地下咸水天然资源量为 75 亿 m^3/a，其中矿化度为 2~3 g/L 的微咸水资源量为 36 亿 m^3/a，矿化度大于 3 g/L 的咸水资源量为 39 亿 m^3/a。但是，目前我国微咸水的灌溉技术比较落后，利用水平也较低，亟待研究新技术，加大开发利用力度。

（二）修建输配水工程，将水从水源输送到田间

将从水源引入的水输送到田间是通过修建输配水工程实现的。渠道和管道是我国农田灌溉所需的主要输配水工程。传统的土渠渗漏损失大，渗漏损失水量占输水量的50%~60%，一些土质较差的土渠甚至高达70%。据有关资料分析，全国各级渠道每年渗漏损失水量达 1 700 亿m^3。衡量输配水工程输水有效程度的指标是渠系水利用系数。渠系水利用系数即通过末级固定渠道进入田间的总水量与渠首引进的灌溉总水量之比。输水损失中大部分是渗漏损失，所以渠系水利用系数既反映了输配水工程质量，又反映了水源调度及渠系管理运行的水平。因此，渠系水利用系数越低，表明灌溉水在从水源到田间的过程中损失越大，反之亦然。实践证明，采用渠道防渗措施或利用管道输水可大幅度减少输水损失，显著提高渠系水利用系数。

（三）采用田间工程技术把引入田间的水均匀地分配到指定的区域

把引入田间的水均匀地分配到指定的区域并转化为土壤水，是通过田间工程实现的。目前，田间工程技术一般包括沟灌、畦灌、格田灌等传统地面灌溉技术，间歇灌、水平畦田灌等改进地面灌溉技术，以及喷灌、微灌等先进灌溉技术。无论采用何种灌溉技术，将引入田间的灌溉水转化为土壤水的过程中都会有水量的损失，如蒸发漂移、深层渗漏和地表径流等。衡量水量损失的程度可用田间水利用系数。田间水利用系数是指在同一时期内，田间实际灌水面积计划湿润层内土壤中得到的净水量与灌区末级固定渠道供给田间总水量的比值。田间水利用系数越大，田间灌溉水损失越小。田间水有效利用程度与土地平整度、土壤质地、耕作措施及田间工程等密切相关。

在从水源引水到田间灌水过程中为节约灌溉水所采取的技术措施，称为工程节水措施。在从水源引水到田间形成能够被作物利用的土壤水的过程中，衡量灌溉水有效利用程度的指标是灌溉水利用系数。它是指灌入田间的总水量与渠首（或管道灌溉系统首部）引进总水量的比值，是集中反映灌溉工程质量、灌溉技术和管理水平的一项综合性指标。根据统计分析，我国灌区目前灌溉水利用系数实际平均为 0.5，也就是说，有一半左右的灌溉水在输送过程中因渗漏、蒸发和管理不善等损失了，没有被作物利用。因此，工程节水措施尽管不与作物产量直接发生关系，却是当前节水灌溉技术的主要方面。

提高降水的利用率也是节水灌溉技术的重要内容。在灌溉农田上，多利用降水意味着少利用灌溉水。因此，充分有效地利用降水，亦是节水灌溉技术的一项重要措施。降水的利用集中在田间，衡量降水有效程度的指标是降水有效利用系数，其值与降水总量、每次降水强度及降水延续时间、土壤性质、作物生长与地面覆盖情况、计划湿润层深度等有关。不同地区、不同作物和不同年份的降水有效利用系数各不相同，必须通过实地观测试验求得。为了提高降水有效利用系数，目前一般采取耕作和覆盖等技术措施，目的是减少因田面蒸发、地表径流及深层渗漏而产生的降水损失。

（四）了解土壤水在作物体内的传输和利用过程

作物从农田土壤中获取水分并形成产量，是通过作物对土壤水的吸收、运输和蒸腾来完成的。根系是作物吸水的主要器官，它从土壤中吸收大量的水，以满足作物生长发育的需要。水在作物体内的运输过程：首先，水进入根部，经过皮层薄壁细胞，进入木质部的导管和管胞中；其次，水沿着木质部向上运输到茎或叶片的木质部；再次，水从叶片木质部末端细胞进入气孔下腔附近的叶肉细胞的蒸发部位；最后，水通过气孔蒸腾出去。作物从土壤中吸收的水只有极小部分（1%~5%）用于代谢，通过光合作用和作物体内复杂的生理、生化过程转化形成经济产量，绝大部分以蒸腾的形式散发到体外。作物的蒸腾过程和光合作用是同步进行的，当水汽通过开着的气孔扩散进入大气时，光合作用所需的 CO_2 同时通过气孔进入叶片；当供水不足而使气孔部分关闭导致蒸腾受阻时，CO_2 的吸收也同时受阻，从而使光合作用减弱，作物产量降低。节水灌溉就是要提高蒸腾的效率，即在保证作物必要的蒸腾条件下，尽可能提高作物的产量。在作物形成产量的过程中棵间蒸发和构成植株体所需的水量，是作物需水量。构成植株体的水量与蒸腾及棵间蒸发量相比极小，一般小于1%，可忽略不计。因此，作物需水量可认为是作物在一定产量条件下，植株蒸腾和棵间蒸发量之和，也称为腾发量、蒸散发量或农田总蒸发量。任意土壤水分条件下的作物需水量也称作物耗水量。对于水稻田，必要的农田水分消耗除蒸发蒸腾外，还包括适当的渗漏量。通常把水稻田蒸发蒸腾量与渗漏量之和称为水稻田耗水量。衡量农田水分利用效率的指标是水分生产率，它是单位面积平均产量与单位面积平均净灌溉水量、土壤储水量差值、有效降水量及地下水补给量之和的比值，也是作物产量与水分投入量的比值。这里的水分投入量也就是腾发量，对于水稻田还包括适当的渗漏量。因此，水分生产率是集中反映作物对水分的利用效率的一项综合性指标。

节水管理技术是节水灌溉技术的重要组成部分。实践证明，灌溉节水潜力的50%在管理上。因此，从水源引水至田间到作物形成产量的整个过程，都要做好管理工作。先进的节水管理技术包括土壤墒情监测与灌溉预报技术、优化配水技术、量水技术和现代化管理新技术。

由此可见，节水灌溉技术不是一种单一技术，而是由工程节水技术、农艺节水技术和管理节水技术组成的一种技术体系。实施这种技术体系的根本目的是最大限度地减少输水、配水、灌水至作物耗水过程中的损失，提高单位耗水量的作物产量和产值。

二、节水灌溉的范畴

灌溉水从水源到被田间作物利用要经过几个环节，每个环节都存在水量的无效消耗。凡是在这些环节中能够减少水量损失、提高灌溉水使用效率和经济效益的技术和措施，都属于节水灌溉的范畴。

从农业水循环和节水技术措施来看，节水灌溉是包括工程节水、农艺节水和管理节水措施的综合生产系统，具有明显的系统特征、效益特征和技术综合特征。

（一）节水灌溉的系统特征

节水灌溉是一项农业和水利技术紧密结合，土、肥、水、作物等资源综合开发的系统工程。进入农业生产过程的水，从水源到形成经济产量，在降水、地下水、地表水、土壤水、生物水的转换过程中主要经历三个环节：

（1）降水、地下水、地表水转化为土壤水；

（2）土壤水转化为生物水；

（3）生物水通过作物生理过程形成经济产量。

可以看出，在农业用水过程中，水的运动包括蒸发、下渗、根系吸水、作物表面蒸腾等复杂过程。这些过程发生在土壤、作物、大气组成的系统中。农业用水的节约性和高效性不仅受到水循环本身的影响，还受到整个系统中土壤条件、养分条件、农业生物条件等的综合影响。因此，节水灌溉是一项复杂的系统工程，需要从整个农业系统和生产过程把握其系统特征，把节水作为农业生产的一个重要环节来认识。

（二）节水灌溉的效益特征

当前，世界各国节约和高效用水的基本环节有三个：

（1）减少降水、渠系输水、田间灌溉过程中的深层渗漏和地表流失量（包括渠系退水量和田间排水量），提高降水和灌溉水的利用率。

（2）减少田间和输水过程中的蒸发蒸腾量。

（3）提高降水和灌溉水的水分利用效率，减少农田奢侈性水分消耗而获取更高的产量和效益。从农业水循环角度分析，第一个环节节约的水量是可回收水量；第二个环节节约的水量是不可回收水量；第三个环节主要通过水分利用效率的大幅度提高（作物耗水系数显著降低）而节水。

减少田间和输水过程中的蒸发蒸腾损失，主要节约不可回收水量，提高有限水资源的利用率，是"资源型"节水。降低作物耗水系数主要减少奢侈性水分消耗，提高水资源的利用效率和效益，是"效益型"节水。因此，真正意义上的节水灌溉是节水增效，具有显著的效益特征。

（三）节水灌溉的技术综合特征

节水灌溉与土壤、肥料、作物品种、耕作、栽培、植保、农业设施等密不可分。节水灌溉技术可分为工程节水技术、农艺节水技术和管理节水技术，每一类节水技术又包括许多方面。

工程节水技术包括节水灌溉装备制造技术、水库（地上、土壤和地下水库）建造技术、减少输水系统水分损失的工程技术、田间灌溉技术等。

农艺节水技术包括适水种植技术、抗旱育种技术、农田保墒技术、水肥耦合技术、化学抗旱节水技术等。

管理节水技术包括水资源合理开发和优化配置技术，地表水、地下水联合运用技术，劣质水开发利用技术，墒情监测与控制灌溉技术，产权与水价管理技术等。

第二节　发展节水灌溉的重要意义

一、节水灌溉可缓解农业水资源不足

随着人类社会的进步、经济的发展、人口的剧增，加之水资源的浪费与污染，全球耗水量在快速增长。20 世纪初世界人均年耗水量约为 600 km³，20 世纪末世界人均年耗水量达到 5 500 km³ 以上，增长了 8 倍多。特别是近几十年，全球用水增长速度是人口增长速度的 3 倍。当前，世界上 100 个国家（其人口占世界总人口的 40%）缺水，其中 26 个国家严重缺水。由于缺水，20% 的草场退化，渔业产量衰减 8%，耕地增长已接近于零。1997 年 9 月，在加拿大蒙特利尔召开的第九次世界水大会上，国际水资源协会专门讨论了作为世界粮食保障决定性因素的缺水问题，认为粮食生产是一项耗水量很大的活动。人们取自河流、湖泊和地下水层的水，有 2/3 用于农业。专家估计，目前世界 1/4 的粮食贸易是由缺水牵动的。当人均占有水量小于 1 700 m³ 时，其粮食将依赖进口。联合国曾预言，21 世纪第一位的问题是人口问题，第二位的问题是水问题。到 2050 年，预计将有 30 亿人居住在缺水国家，那时，因人口增长而需要增加的粮食供应量中的大部分需通过增加灌溉面积来解决。但自 20 世纪 80 年代以来，世界人均灌溉面积已有下降趋势，而且建设大量引水工程已造成世界范围的河流干枯，地下水超采。因此，今后在水资源日趋紧缺的情况下再大量发展常规农业灌溉已不可能，故从现在起就应采取有针对性的重大措施，并争取在农业供水高新技术方面有所突破。

我国的水资源状况和农业用水的问题：《中国水资源评价》中的资料显示，我国常年水资源总量为 28 000 亿 m³，低于巴西、俄罗斯、加拿大、美国和印度尼西亚，居世界前列。由于我国人口众多，人均水资源占有量不足世界平均水平的 1/4，排在第 110 位；耕地亩均占有水资源量仅为世界平均水平的 1/2，属贫水国家。除此之外，我国水资源还存在时空分布不均、水污染严重等方面的问题。根据有关资料，我国 80% 的水资源集中分布在长江及其以南地区，而长江以北的广大地区，人口占全国的 47%，耕地占全国的 65%，工业产值占全国的 43%，水资源量却仅占全国的 18%，特别是华北地区人均水资源量低于 500 m³，其中海滦河流域更低。我国北方地区的供水危机正在变成一个比以往任何时候都更加现实的问题。我国水资源年际、年内变化也很大，长江以南河流最大年径流量约是最小年径流量的 5 倍，北方河流最大年径流量约是最小年径流量的十几倍。另外，水污染加重是造成

缺水、促使水危机到来的一个重要因素。根据水利部门的调查结果，全国 5 000 km 长的重要河流中有近一半的河流受到不同程度的污染，主要湖泊的 26% 已达到富营养化程度，有近一半的重点城镇集中饮用水源不符合生活饮用水卫生标准，致使许多地区出现因污染而缺水的局面。

上述原因使我国许多地区面临严重缺水问题。今后随着人口的增长、工农业的发展和城市化进程的加快，人均水资源占有量将进一步减少，而用水量将进一步增加，水资源供需矛盾将更加突出。如何解决这一矛盾？出路不外乎两条：一是开源；二是节流。所谓开源，主要是指兴建拦蓄和跨流域调水工程以使水资源得以重新合理分配，以及提高雨水的就地利用率，对工业废水、微咸水、劣质水进行处理和有效利用。节流即节约利用和保护水资源，是解决当前我国缺水问题的首要途径，是从根本上缓解水危机的前提。在节约用水方面，潜力最大的当属农业，因为农业是第一用水大户，其用水量占总用水量的 70% 左右。虽然农业用水量大、浪费严重，但从科学用水角度分析，农业节水大有潜力。因此，改变农业用水观念，更新农业用水方式，大力发展节水灌溉，已成为一种必然选择。

二、节水灌溉是确保农业增产的关键

我国人多地少、耕地后备资源有限。我国人均耕地面积仅为世界平均水平的 40%。我国农业既面临人口增加、对农产品需求增多的巨大压力，又受到耕地减少、水资源紧缺的严重制约。由于耕地资源不足和有效灌溉面积较少，随着新开垦地难度加大和水资源紧缺状况的加剧，我国增加作物产量的重点必须转向提高单产及区域粮食产量，而灌溉效率的提高是提高单产与区域粮食产量的重要途径。一般灌溉农田的粮食产量要比非灌溉农田的粮食产量高 1~3 倍，而且越是干旱的地区，增产幅度越大。目前我国灌溉面积占全国耕地面积的 50%，但生产的粮食占全国的 75%，经济作物占全国的 90%。因此，大力发展节水灌溉，从根本上改善农业生产条件和生态环境，提高抗御自然灾害的能力，对于确保粮食安全和水安全有着极其重要的作用。

节约用水可缓解干旱地区的旱情，增加灌溉面积。科学用水可以保证农业增产增收。作为农业基本要素的水，不仅在很大程度上决定了生物生产力和作物产量，而且与温度共同决定了不同区域的植被类型、栽培植物种类及整个农业结构，而这些是制定合理农业区划和发展规划的基本依据。根据农业区划发展农业、根据作物需求科学用水，不仅有利于作物生长，而且有利于环境保护，使作物的产量和质量得以提高，确保农业增产增收。

节水灌溉可确保生态用水。生态用水是指为使一个地区的生态环境保护和经济建设同步发展所需消耗的水资源量。近年来，由于环境恶化，生态用水越来越重要。干旱地区营造农田防护林网、半干旱区植被建设和基本农田建设、风沙区水利治沙造田、河流输沙、回补超采地下水及城市绿化等，都要消耗大量的水资源。例如，黄河年均径流总量为 580 亿 m³，其中以输沙减淤为主的生态用水约为 200 亿 m^3。据中国工程院组织的"中国可持续发展水资源战略研究"项目所做的分析估计，我国维护生态环境现状所需用水总量为 843 亿 m^3 左右。这部分耗水虽不是直接用于生产，但对于改善生态系统、保持工农业生产可持续发展至关重要，不可缺少。这也从另一个方面说明了节水灌溉的重要性。

三、节水灌溉是现代农业的必然要求

节水灌溉的实质是充分利用降水和高效利用灌溉水。发展节水灌溉不仅是缓解水资源紧缺局面的要求，而且是建设现代农业的需要。节水灌溉是农业现代化配套措施的重要组成部分。水土资源的高效利用，经济效益、生态效益、社会效益的紧密结合是可持续农业追求的目标，而根据水资源状况和作物需水规律所实施的节水灌溉是达到这一目标的重要环节。为此，我们必须打破传统的农业用水观念，建立一个适应现代社会和现代农业发展需求的农业供水体制。从这个意义上说，节水灌溉就是科学灌溉。例如，传统灌溉推行的是充分灌溉制度，而节水灌溉提倡按需供水，强调直接给作物补水，而不是为了湿润整个土壤层，因而出现了喷灌、微灌等先进的灌溉技术，并提出了实施精确灌溉的供水依据与原则；传统灌溉主要追求当年当季高产，节水灌溉除了追求产量目标外，还追求生态目标，重视农业水资源利用的可持续性及农业效益的整体性。另外，推行节水灌溉不仅需要改变一些传统观念，而且需要更新一些科学知识，如作物需水量的概念、水资源平衡的观念、土壤水在水资源组成中的地位、水稻田灌溉原则等。这些科学知识的进一步完善必将促进农业的进步和农业科技的发展。

因此，推行节水灌溉既是解决我国水资源不足问题、缓解用水紧张的首要途径，又是促进我国农业现代化的一个关键步骤，因而它是保障我国整个国民经济持续稳定发展的一项重大战略措施。

第三节　节水灌溉工程建设的基本工作及原则

一、节水灌溉工程建设的基本工作

节水灌溉工程建设是充分利用区域水资源，通过工程措施实现区域高产、优质和高效目标，亦即充分利用作物资源及作物生育生长特性、区域水土资源条件、灌溉工程措施等，最大限度地满足区域作物在生长过程中对水的需求。节水灌溉工程建设的基本工作分为节水灌溉工程基础理论工作、节水灌溉工程建设工作和节水灌溉工程管理工作。

1. 节水灌溉工程基础理论工作

节水灌溉工程基础理论工作主要包括研究作物需水过程及工程供水实现（配水）方法与技术、提高灌溉水利用率的灌水技术要素及时机、灌溉工程技术产品研发等。

2. 节水灌溉工程建设工作

节水灌溉工程建设工作是保证工程能够实现建设目标的相关工作，包括方案规划、工程

设计、工程建设与管理、工程运行与维护等。

3. 节水灌溉工程管理工作

节水灌溉工程管理工作是工程建设过程中建设管理相关工作的总和，包括方案审定、工程招标、建设管理与监理、运行管理等。

二、节水灌溉工程建设的原则

节水灌溉工程建设应遵循经济原则和安全原则。

经济原则包括消耗灌溉水资源少、灌溉效率高、灌溉工程建设成本低、灌溉系统运行与管理成本低。

安全原则包括工程具有足够的保证率、工程自身安全、工程符合现行规范。

节水灌溉工程建设还需要兼顾以下方面。

（1）与相关规划相协调。首先，在尊重国家相关规程、规范的基础上，要满足当地中长期总体发展规划的要求；其次，要与农业、水利、环保、交通等部门规划相协调。

（2）优化水利工程总体布局，提高区域水资源利用率和利用效率，提高现有水利工程的使用效率。

（3）综合考虑水利工程及节水灌溉工程的经济效益、社会效益和生态效益，实现区域水资源的可持续利用。

（4）因地制宜。从项目区的实际情况出发，确定节水灌溉工程的规模及其布局。

（5）政府决策与公众参与。在规划编制过程中，充分听取各部门及项目区农民的意见，争取广大群众的支持。

（6）坚持技术先进，措施综合。在发展高效节水灌溉工程措施的同时，积极推广农艺节水、管理节水等非工程措施，通过综合措施提高节水效率。

（7）坚持建管并重，强化服务。明确工程运行管理主体，落实管护责任，完善管理措施，实现工程的良性运行。在工程建设过程中，建立完善的管理体制和运行机制，强化技术支撑，确保工程质量和效益。

（8）保护和改善生态环境，促进水土资源可持续利用。

本章小结

本章对节水灌溉这一学科领域进行了整体论述，重点介绍了节水灌溉的内涵及其范畴，发展节水灌溉的重要意义。具体内容包括自然界的水转化为作物产量所经环节，农用水资源的主要类型，节水灌溉的系统特征、效益特征、技术综合特征，发展节水灌溉的必要性，节水灌溉工程建设的基本工作，节水灌溉工程建设的原则等。

复习思考题

1. 节水灌溉的内涵是什么？
2. 发展节水灌溉的必要性有哪些？
3. 节水灌溉工程建设的基本工作有哪些？
4. 节水灌溉工程建设应遵循的原则有哪些？

第二章　作物需水量与灌溉制度

本章提要

　　本章在阐述作物水分生理生态的基础上，诠释水分胁迫对作物生理与产量的影响，论述节水灌溉的一般原理及有关科学概念，说明农业灌溉用水量与灌水率的确定方法。

　　节水灌溉的理论基础包括作物与水分、水分胁迫对作物生理及产量的影响、节水灌溉原理、作物灌溉用水量的计算等。部分内容如水分胁迫的概念、非充分灌溉条件下作物需水量的计算、农田土壤水分的运移转化等，反映了目前国内外该领域的研究新进展。

主要内容

　　1. 作物与水分。

　　2. 水分胁迫对作物生理及产量的影响。

　　3. 节水灌溉原理。

　　4. 作物的灌溉用水量与灌水率。

学习目标

　　1. 掌握：水分胁迫的概念、水分胁迫对产量的影响。

　　2. 熟悉：水分胁迫对作物生理过程的影响。

　　3. 了解：作物水分生理与作物水分生态。

第一节　作物与水分

一、作物水分生理

（一）水对作物的生理作用

任何作物都离不开水，一般作物的含水率为 $60\% \sim 80\%$，蔬菜和块茎类作物可达到 90% 以上。水的生理作用是指水直接参与作物原生质组成、重要的生理生化代谢和基本生理过程，具体可以概括为以下五方面。

1. 水是原生质的重要成分

原生质是细胞的主体，很多生理生化过程都在原生质中进行。在正常情况下，原生质的含水量在80%以上，这样才可使原生质保持溶胶状态，以保证各种生理生化过程正常进行。如果含水量减少，原生质由溶胶状态变成凝胶状态，细胞的生命活动将大大减缓。原生质失水过多，会引起生物胶体破坏，导致细胞死亡。

2. 水直接参与作物体内重要的代谢过程

水是作物体内重要生理生化反应的基本物质之一，参与光合作用、呼吸作用、有机质合成和分解过程等。

3. 水是一切生化反应的介质

作物体内绝大多数生化反应是在水介质中进行的。例如，CO_2进入叶部后，只有溶于细胞液并转化成液相，才能参与光合作用；各种有机质的合成与分解也必须以水为介质，在水的参与下才能进行。另外，作物所需的矿质养分必须溶解于水才能被利用；各种有机质也只有溶于水才能被输送至作物的各个部位。

4. 保持作物体处于一定的形态

作物体内水分充足时，细胞常保持数个大气压的膨压以维持细胞及作物的形态，使正常的生理活动得以进行。例如，使叶片展开，以接受阳光和交换气体；使根尖具有刚性，能够伸入土壤；使花朵开放，便于授粉等。

5. 细胞的分裂和延伸生长都需要足够的水

作物细胞的分裂和延伸生长对水很敏感。生长需要一定的膨压。缺水可使膨压降低甚至消失，严重影响细胞分裂及延伸生长。作物生长受到抑制，则植株矮小。

（二）作物对水的吸收

1. 细胞对水的吸收

细胞是作物生命活动的基础。作物细胞对水的吸收有三种方式：

（1）吸胀吸水。未形成液泡的细胞靠吸胀作用吸水。

（2）渗透性吸水。具有中心液泡的成熟细胞以渗透性吸水为主。

（3）代谢性吸水。与渗透作用无关的吸水叫代谢性吸水，其直接消耗能量。

2. 根系对水的吸收

（1）根系吸水的动力有根压和蒸腾拉力两种。

根压是指由于根系的生理活动而使液流从根部上升的压力，是根部形成的力量引起的主动吸水现象，是土壤水分充足和蒸腾作用弱时作物吸水的主要动力。

蒸腾拉力是根系被动吸水的原动力。叶片蒸腾时，气孔下腔附近的叶肉细胞因蒸腾失水而水势下降，只得从相邻水势高的细胞取得水分。如此下去，细胞便向导管要水，最后根部就从土壤吸水。这种吸水完全是蒸腾作用产生的蒸腾拉力引起的。

（2）根系吸水受多种因素的影响，包括土壤因素、作物因素、微气象因素等，其中土壤因素是主要因素。土壤因素包括土壤水力特性、土壤水势、土壤通气状况、土壤温度、土壤溶液浓度等。

（三）作物水分散失

水分从作物体内散失到大气中的方式有两种：一种是以液态直接逸出体外，如吐水；另一种是以气态逸出体外，即蒸腾作用，这是作物失水的主要方式。

1. 蒸腾作用的概念

蒸腾作用是指作物体内的水分以气态从作物的表面（主要是叶面）向外界散失的过程，是一种复杂的综合性生理过程。陆生作物吸收的水分，只有不到 1% 用于构成作物体，99% 以上通过蒸腾作用散失，这是陆生作物适应陆地生活的结果。

2. 蒸腾作用的度量指标

蒸腾作用是作物水分代谢的一个重要生理标志。常用的表示蒸腾作用强弱的指标有以下三种。

（1）蒸腾速率：单位时间单位叶面积蒸腾散失的水量，又称蒸腾强度，一般用 mm/d 或 $m^3/(hm^2 \cdot d)$ 表示。蒸腾强度不仅与作物自身特性有关，而且与气候、土壤等环境因素有关。

（2）蒸腾比率：作物蒸腾耗水 1 000 g 所形成的干物质克数，或作物在一定时间内干物质的累积量与同期所消耗的水量之比，又称蒸腾效率。

（3）蒸腾系数：作物每形成 1 g 干物质所需蒸腾耗水的克数，也是一个比值，它是蒸腾比率的倒数。一般作物的蒸腾系数在 125 ~ 1 000，蒸腾系数越大，消耗水分越多，作物利用水的效率越低。

3. 蒸腾途径

作物体的各部分都有潜在的对水分的蒸腾能力。作物幼小时，暴露在地上的所有表面都能蒸腾。作物长大以后，茎枝上形成木栓层而阻碍蒸腾。木本作物虽可通过稀疏的皮孔进行蒸腾（称为皮孔蒸腾），但蒸腾的量很小，约占全部蒸腾量的 0.1%；草本作物的茎、花、果实虽然都能进行蒸腾，但蒸腾的量也很小，所以作物的蒸腾作用绝大部分是通过叶片进行的。

4. 气孔蒸腾

气孔是作物叶片表皮组织上的两个特殊的小细胞，即保卫细胞所围成的一个小孔，是作物叶片与外界进行气体交换的主要通道。大多数作物的气孔白天张开、夜间关闭，此即气孔运动。叶片上的气孔数目极多，但由于直径很小，所以气孔所占的总面积很小，一般不超过叶面积的 1%，但是通过气孔的蒸腾量相当于与叶面积相等的自由水面蒸发量的 15% ~ 50%，甚至达到 100%。

二、作物水分生态

（一）水对作物的生态作用

从种子发芽到新种子成熟，作物的生长发育与水有着十分密切的关系。水对作物的生态作用就是通过水分子的特殊理化性质，给作物的生命活动营造一个有益的环境。

水分子具有很高的汽化热和比热，因此，在环境温度波动的情况下，作物体内大量的水可维持作物体温相对稳定。在烈日暴晒下，作物通过蒸腾散失水以降低体温，使自身不易受到高温的伤害。水对红光有微弱的吸收。对于陆生作物来说，阳光可通过无色的表皮细胞到达叶肉细胞的叶绿体进行光合作用。对于水生作物来说，短波蓝光、绿光可透过水层，使分布于海水深处的含有藻红素的红藻也可以正常进行光合作用。

水对作物生长有一个最高点、最适点和最低点。低于最低点，作物生长停止，甚至枯死。高于最高点，根系缺氧、窒息、腐烂，植株生长困难甚至死亡。只有处于最适范围内，作物才能维持水分平衡，保证生长发育。

（二）水对作物生境的影响

1. 水可以调节土壤空气

土壤空气是土壤肥力的重要影响因素之一。土壤水分与土壤空气共同占有土壤孔隙，水多则气少，水少则气多，二者互为消长，其中水是矛盾的主要方面。如果土壤空气减少，作物缺乏必要的氧气，呼吸作用和根系活力减弱，即使水分多，作物也不能正常吸水。同时嫌气微生物活动旺盛，会产生大量有毒物质，危害作物生长。在水和气这对矛盾中，可以通过调节土壤水分状况来调节土壤空气状况。

2. 水可以调节土壤温度

水的热容量和导热率比空气大得多。农田土壤温度或水稻田水温常常通过调控土壤水分含量来调节。例如，早稻生长前期，为了提高水温和泥温，白天将水排除，使水稻田的热容量减小，温度就容易升高；棉花生产初期注意排渍，主要目的也是使棉田温度尽快升高。相反，晚稻生长初期，由于温度较高，又要多灌水，这样才能保证晚稻正常生长。北方的"冬前灌"以及为降温或防冻所采取的喷灌，均是以水调温的典型措施。

3. 水可以调节土壤肥力

土壤水分含量直接影响土壤肥力状况。首先，速效性养分的吸收是以水为媒介的；其次，迟效性养分必须转化为速效性养分才能被作物吸收利用，而这必须以一定的水分条件为基础。

4. 水可以改善农田小气候

合理的灌排措施，不仅可以调节土壤温度，而且可以调节农田内部一定空气层的温度和湿度。当农田水分多时，蒸发蒸腾强烈，空气湿度就高，气温就低；反之亦然。

5. 水可以提高耕作质量和效率

影响耕作质量和效率的主要因素是田间水分状况。旱田土壤含水量适宜，土壤的物理机械性介于黏结性与可塑性之间时，耕作质量和效率最高。水稻田泡田、边耕边放水等方法也是通过调节土壤水分来满足耕作要求的。

第二节 水分胁迫对作物生理及产量的影响

一、水分胁迫的有关概念

水分胁迫或水分亏缺的概念是对作物本身而言的。水分胁迫是指干旱、缺水对作物正常功能的干扰。作物在生长过程中，如果遇到水分胁迫，就会相应地发生一系列生理生态变化来适应新的环境。这种变化直接影响作物产量和水分生产率。有些生理生态变化可以随着水分胁迫的消失而恢复。当水分胁迫超过一定阈值时，有些生理生态变化将不可恢复。理解水分胁迫条件下作物生理生态响应机理，确定水分胁迫阈值，对制定科学灌溉策略、提高作物水分生产率具有重要理论和实际意义。

（一）土壤水分亏缺

在作物的某一生育阶段，若供给土壤的水量小于土壤水分消耗量，则产生土壤水分亏缺。土壤水分亏缺量（S_{WD}）的计算公式为

$$S_{WD} = (ET_c + \Delta\omega_p) - (P_e + G + I_N) = (S_r + E_s) - (P_e + G + I_N) \tag{2-1}$$

式中，S_{WD} 为某时段的土壤水分亏缺量（mm）；ET_c 为作物的蒸发蒸腾量（mm）；$\Delta\omega_p$ 为作物体内储水量的变化量（mm）；P_e 为有效降水量（mm）；G 为地下水补给量（mm）；I_N 为净灌水量（mm）；S_r 为根系吸水量（mm）；E_s 为棵间土壤蒸发量（mm）。

土壤水分亏缺量仅从土壤水分供需平衡角度反映了土壤水分状况，没有考虑土壤初始储水量和作物正常生长发育所允许的土壤最小储水量，只有 S_{WD} 大于某一数值，才会对作物的生长发育产生不利影响。

（二）土壤水分胁迫

土壤水分亏缺量达到一定值时将影响作物的正常生长发育，产生土壤水分胁迫（S_{WS}）。一般情况下有

$$S_{WS} = S_{WD} - (\omega_o - \omega_j) = S_{WD} - \Delta\omega_{oj} \tag{2-2}$$

式中，S_{WS} 为土壤水分胁迫指标；S_{WD} 为某时段的土壤水分亏缺量（mm）；ω_o 为某时段土壤的初始储水量（mm）；ω_j 为作物正常生长发育所允许的土壤最小储水量（mm）；$\Delta\omega_{oj}$ 为某时段土壤的初始储水量与作物正常生长发育所允许的土壤最小储水量之差（mm）。

（三）作物水分亏缺

从土壤—植物—大气连续体（soil-plant-atmosphere continuum，SPAC）水分传输动力学观点出发，当蒸腾失水超过根系吸水时，即发生作物水分亏缺，作物体内储水量（或含水量）减少或叶片水势降低。作物水分亏缺量（C_{WD}）的计算公式为

$$C_{WD} = T - S_r \tag{2-3}$$

式中，T 为作物正常生长发育条件下的蒸腾量（mm）；S_r 为根系实际吸水量（mm）。

只有作物水分的吸收、运输、散失三者调节适当，才能维持良好的水分平衡。当水分供应不能满足蒸腾需求时，水分平衡失调，作物出现水分亏缺，但一定范围内的作物水分亏缺往往不会对其正常生长发育产生不利影响。

（四）作物水分胁迫

当作物水分亏缺发展至作物的水势和膨压降低到足以干扰其正常生长发育时，产生作物水分胁迫（C_{WS}）。产生作物水分胁迫的临界水分亏缺值决定于作物的种类、发育阶段及微气象条件等因素。

二、水分胁迫对作物生理过程的影响

水分胁迫对作物生理过程的影响是多方面的，即使是轻微的胁迫也会产生不同的反应，但水分胁迫的主要影响是生理脱水，形成细胞和组织的低水势，通过低水势影响作物的各种生理过程。水分胁迫对作物产生的影响及作物对此产生的反应与适应是植物生理生态学研究的重要课题之一。

（一）根系生长

作物根系的重要作用是吸收土壤水分和养分，为植株的生长提供水分和部分养分。根系生长情况及其活力直接影响整个作物的生长发育、营养水平和产量水平。作物根系吸收水分的多少不仅与土壤的物理特性有关，还与根系自身的生长发育状况有关。根系自身的生长发育状况在很大程度上又取决于土壤含水量。

一方面，水分胁迫条件有利于根系的深层分布，从而使作物能够吸收较多的水分和养分，并具有一定的丰产优势。据研究，在正常水分条件下，小麦初生根的一级分支可达21.1条，而适度干旱条件下比正常水分条件下可增加初生根38.5%，说明适度干旱条件有利于小麦初生根分支的形成。另一方面，水分胁迫条件有利于增加根毛密度。研究表明，在正常水分条件下，小麦根毛密度为224.5条/mm^2，而在受旱复水条件下小麦根毛密度可比正常水分条件下增加50.7%。可见，在旱地冬小麦营养生长期间，适当控制水分（采取蹲苗的措施），对增加根毛密度、扩大根系吸水空间具有重要意义。

在受到水分胁迫时，根冠的干重比一般呈增长趋势。根系从土壤中获得的水分首先维持其自身生长发育需要，因而受到水分胁迫时根系的受害程度较地上部轻，根冠比增大。但当土壤相对含水量过低时，根系生长也会受到严重抑制。

（二）叶面积指数

作物的生长是在一定的积温和光照条件下，在叶片蒸腾水汽的同时，经由气孔吸收 CO_2 进行光合作用，产生碳水化合物，最终形成营养体和经济产量。叶面积不仅直接影响作物蒸腾量，而且影响阳光照射面积与光合作用，从而影响产量。在正常情况下，作物叶面积由零逐渐增大，到营养生长末期达最大值。

土壤轻旱时，作物产生微弱的水分胁迫，短时间抑制细胞扩大，叶面积指数稍有下降，但耗水强度和产量往往不会降低；长时间抑制细胞扩大，会使细胞分裂产生"反馈"效应，从而使叶生长减慢，叶面积指数降低。作物受旱结束复水后，由于根系吸水、吸肥能力增强，土壤中速效养分、有机物合成原料充足，叶生长能力恢复，生长速率更高。

（三）光合强度

水分胁迫对作物光合作用的影响比较复杂，它不仅会使光合速率下降，还会抑制光反应中原初光能转换、电子传递、光合磷酸化和光合作用暗反应过程，最终导致光合作用下降，从而直接影响作物的生长发育。

水分胁迫下光合作用的下降受气孔和非气孔因素的限制。当前，普遍认为在轻度胁迫和胁迫的初期以气孔限制为主，在长期和重度胁迫下则以非气孔限制为主。

当土壤水分不足时，首先受到影响的就是叶片气孔。在晴天中午，土壤上层水分严重亏缺，许多作物的气孔部分关闭，导致光合速率下降，于是便出现了光合作用"午休"现象。实际上，土壤水分不足条件下光合强度减弱的根本原因是 CO_2 的吸收和扩散能力减弱，其中又以后者影响最大。水分胁迫会导致 SPAC 水分传输系统内水力梯度的改变，致使叶水势降低或叶肉阻力增加，阻碍 CO_2 溶于水并渗入叶肉细胞参与光合作用。

（四）叶片气孔行为

叶片气孔作为作物与环境间气体和水分交换的门户，是作物吸收 CO_2 和蒸腾失水的通道。当植株供水良好时，气孔关闭主要受光照和 CO_2 这两个因素的控制；当植株缺水时，水分就转而成为控制气孔开关的因素，气孔导度因水分胁迫而下降。

作物对水分胁迫的最初反应是调整气孔开度，防止作物体内水分的散失并维持一定的光合作用。气孔反应：第一线防御是对空气湿度的直接反应，为"预警"系统，当空气湿度下降时，保卫细胞及其附近的表皮细胞直接向大气蒸发水分，引起气孔关闭，此时叶片其他部位并未发生水分亏缺，从而防止水分亏缺在整个叶片中发生，降低了伤害作物的可能性；第二线防御是对叶片水势已发生变化的反应，当叶片水势降至某一阈值时，气孔关闭，而气孔关闭有助于减少水分散失和叶片水势恢复。叶片的水势增加，则气孔再次开放。光合作用"午休"现象可能就是气孔的部分关闭导致的。

（五）呼吸作用

水分胁迫对呼吸作用的影响比对光合作用的影响小。据研究，小麦幼苗地上部呼吸速率在水分胁迫时呈先上升后下降的变化趋势，但根系的呼吸速率随土壤含水量的降低呈指数下降，其下降幅度在扬花期最大。产生这种现象的主要原因是地上部大分子物质在水分胁迫下水解作用增强，短时间内增加了呼吸基质供应，使呼吸作用增强。由于呼吸作用增强，净光合速率就变得更低。随着水分胁迫强度增大，呼吸强度逐渐降低到正常水平以下，而根系的相应酶活性降低，另外孕穗—扬花期是小麦需水的临界期，在此期间植株对水分胁迫的忍耐能力最低，当土壤相对含水量小于 60% 时，根系的呼吸速率显著下降。从不同水分处理对根系呼吸速率变化的影响来看，受春季严重水分胁迫小麦根系的呼吸速率在拔节期后呈下降趋势，而正常供水根系的呼吸速率持续增大至扬花期。有关试验还表明，在水分胁迫初期（72 h），虽然根系呼吸速率降低，但随着胁迫时间的延长，底物不足成为限制呼吸的重要因素。由此可见，水分胁迫不仅降低了根系的呼吸速率，而且改变了根系的呼吸途径。

（六）作物组织含水率及水势

在土壤干旱条件下，作物根系吸水率低于蒸腾率时，作物组织含水率降低，故作物组织含水率也可以反映作物缺水程度。据研究，冬小麦在某一生育阶段受水分胁迫后，细胞液浓度较对照有较大幅度的提高，灌水后随土壤水分的增加，气孔阻力明显降低，蒸腾强度明显增大，细胞液浓度明显下降。

叶水势是反映作物水分状况的重要指标，在水分适宜的条件下，旱作物的叶水势一般为

−1.6 ～ −0.8 MPa。据测定，受轻旱后，夏玉米的叶水势一般为 −2.01 ～ −1.75 MPa，冬小麦为 −1.8 ～ −1.4 MPa，下降60%～90%。已有研究结果还表明，土壤含水量与根水势之间存在极显著的正相关关系，当土壤干旱严重、小麦根区水分条件恶化时，根系对土壤水分的吸收受到抑制，根水势显著降低。这表明土壤含水量的高低直接影响小麦根系内部的水分状况。

三、水分胁迫对产量的影响

水分胁迫对作物生态性状、生理活动产生各种影响，最终影响产量。在水分条件与作物产量的关系上，长期以来存在两种不同的观点：一种观点认为，任何时期、任何程度的水分不足都将造成作物减产，为了获得高产，整个生育期都必须保持充足供水，这就构成了目前仍占主导地位的充分灌溉的理论依据；另一种观点认为，充足供水与适度控水交替对增产与节水更为有利，20世纪80年代以来这一观点已不断为科学研究和生产实践所证实。

作物生长发育的不同时期发生水分胁迫，对产量的影响机理是不同的，小麦、水稻在分蘖期受旱一般使单位面积穗数大幅度减少，但千粒重和穗粒数均增加；在拔节期受旱一般使孕穗数和穗粒数略微减少；在抽穗开花期受旱则使千粒重和穗粒数明显减少；在乳熟期受旱主要使千粒重降低。几个时期连续受旱对产量的影响更加复杂，这种影响不是各单一时期影响的简单叠加，前一时期的影响均会对后一时期的生理功能产生后效性。玉米不同生育期发生水分胁迫对产量的影响也不同。苗期玉米对水分胁迫的抵抗力较强，适当的水分胁迫可以起蹲苗和抗旱锻炼的作用，对产量的影响较小；拔节期后干旱，玉米根系生长发育受阻，吸水量减小，对产量的影响较大；雌穗小花分化期干旱，将严重阻碍小花分化发育、受精和籽粒灌浆；开花期玉米对水分胁迫最敏感，即使短期水分胁迫也会导致严重减产；灌浆期水分胁迫则明显降低粒重。一般认为开花期水分胁迫造成严重减产的原因，是水分胁迫会严重影响花原始体发育，造成卵细胞败育和花期不育，破坏授粉和受精，造成穗粒数减少。

综上所述，水分胁迫并非完全是负效应，作物在长期的进化过程中，产生了对水分暂时亏缺的适应性，即干旱缺水对作物的影响有一个从适应到伤害的过程，在某些特定发育时期经受适度的水分胁迫，往往可以使作物在复水后产生生理、生长和产量上的补偿效应，不仅不会降低作物的产量，反而能增加产量、提高水分利用效率。

第三节　节水灌溉原理及相关概念

一、节水灌溉原理

节水灌溉主要是指在半干旱和半湿润地区及湿润区季节性干旱区充分利用自然降水的基础上高效利用灌溉水。其一般原理可概括为：充分利用环境水和最大限度节约作物本身用水相结合，以提高自然降水和灌溉水的利用效率。从水库引水、通过输配水系统到水分为作物吸收利用的整个过程，存在多个途径水分的无谓消耗，因此尽可能减少水分的无谓消耗是节水灌溉的重要内容。降水是半干旱地区农田水分的主要来源，因此使尽可能多的降水为作物利用是节水灌溉的基本目标。具体而言，节水灌溉应提高下述四种效率：水库蓄水效率、输水效率、灌水效率和作物水分利用效率。其中，水库蓄水效率是指水库中可用于灌溉的水量与为灌溉而引入水库的水量之比；输水效率是指输送到农田的水量与初始引入输配水系统的水量之比；灌水效率是指农田作物耗水量与输送到农田的水量之比；作物水分利用效率是指作物消耗单位水量（包括降水和灌溉水）所生产的干物质的量。具体到某一块农田，节水灌溉应提高以下五个比率：土壤储水量/降水量（灌溉量）、耗水量/土壤储水量、蒸腾量/耗水量、生物产量/蒸腾量、经济产量/生物产量。

节水灌溉原理如图 2-1 所示。

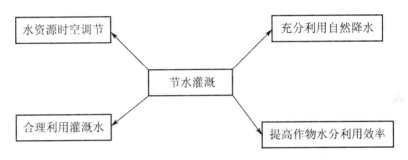

图 2-1　节水灌溉原理

水资源时空调节包括建设蓄水输水工程进行区域和年季间调节，以及通过井渠结合有效利用地表水和地下水，目的在于使尽可能多的水用于农田灌溉。

合理利用灌溉水包括改进灌水方法、减少深层渗漏损失、优化灌溉制度、降低灌水定额，目的是尽量提高灌溉水的利用效率。

充分利用自然降水包括防止水土流失、促使降水就地入渗、合理耕作以降低土面蒸发、扩展根系以充分利用土壤储水、拦蓄非耕地径流用于补充灌溉，目的在于提高降水利用效率。

提高作物水分利用效率包括调整种植结构、选用高水分利用效率品种、提高光合蒸腾比及增强作物对缺水的适应能力等，目的是使尽可能多的水用于作物生产。

二、与节水灌溉有关的概念

（一）作物需水量的概念

农田水分主要消耗于五个方面：植株蒸腾、棵间蒸发、深层渗漏（或田间渗漏）、地表径流和组成植株体。其中，植株蒸腾是作物体内的水分转变成水汽散发到体外的过程。土壤水分从植株间土壤表面或田间的水面以水汽的形式向大气中散失的现象称为棵间蒸发。深层渗漏是指灌溉水或降水下渗到不能为作物利用的深层土壤的过程。通常情况下，对于旱作农田，深层渗漏是无益的水分消耗，且会造成养分的流失，灌溉时要避免产生深层渗漏。田间渗漏是指水稻田的渗漏，适量的渗漏对于改善水稻田的通气状况和氧化还原条件、促进作物的生长是有益的，但过量的渗漏会造成田间水分、养分的流失。

作物需水量从理论上说是指生长在大面积上的无病虫害作物，在土壤水分和肥力适宜时，在给定的生长环境中能取得高产的条件下，为满足植株蒸腾、棵间蒸发、组成植株体所需的水量。实际上由于组成植株体的水量只占总需水量的很微小的部分（一般小于 1%），而且这部分的影响因素较复杂，难以准确计算，故将此部分忽略不计，即作物需水量就等于植株蒸腾量和棵间蒸发量之和，其在水利行业规范中称为蒸发蒸腾量，在气象学、水文学和地理学中称为蒸散量或农田总蒸发量，国内也有人称其为腾发量。

作物需水量包含作物生理需水量和作物生态需水量两个方面。作物生理需水量是指作物生命过程中各种生理活动（如蒸腾作用、光合作用等）所需的水量。植株蒸腾量事实上是作物生理需水量的一部分。作物生态需水量是指为给作物正常生长发育创造良好的环境所需的水量。棵间蒸发量属于作物生态需水量。在作物的整个生育期，植株蒸腾与棵间蒸发互为消长。一般在作物生育初期，植株小，地面裸露大，以棵间蒸发为主。随着植株的增大，植株蒸腾量逐渐大于棵间蒸发量。到作物生育后期，作物生理活动减弱，植株蒸腾量又逐渐减小。

作物耗水量简称耗水量，是作物从播种到收获因蒸发蒸腾所消耗的水量的总和，也称为作物的实际蒸发蒸腾量，是实际条件下作物获得一定产量时所消耗的水量。

作物需水量是一个理论值，而作物耗水量是一个实际值。作物需水量的单位与作物耗水量的单位相同，常用 m^3/hm^2 或 mm 水层表示。作物单位产量所消耗的水量称为作物需水系数；反之，作物每消耗单位水量（mm 或 m^3）所能增加的产量（kg/mm 或 kg/m^3），称为作物水分生产率，又可称为作物水分利用效率，常表示为 WUE。

田间需水量是以田间土壤为主体进行考虑的，其一部分靠降水补给，另一部分靠灌溉补给。田间需水量一部分用于植株蒸腾、棵间蒸发和组成植株体，另一部分则用于改善田间土壤条件，如在水稻田控制适当的渗漏量可以更新水稻田水分和淋洗土壤中的有毒物质。田间需水量还包括泡田用水量，在盐碱化地区还包括冲洗压盐、改良土壤所需的水量。田间需水量等于作物需水量加上创造良好农业生态环境所需的渗层渗漏量、泡田用水量（旱田没有）、冲洗压盐用水量，减去地下水补给量和作物生育期内的土壤水分变化量。

田间耗水量是在实际条件下田间所消耗的水量，它等于作物耗水量、渗层渗漏量、泡田用水量（旱田没有）、冲洗压盐用水量之和减去地下水补给量和作物生育期内的土壤水分变化量。

作物需水量是农业方面主要的水分消耗部分，是制定流域规划、地区水利规划、灌排工程规划和实施农田灌排的基本依据。农田蒸发蒸腾在水量平衡和热量平衡中占有重要地位，是 SPAC 水分运移的关键环节，与作物生理活动和产量的关系极为密切。农田灌溉管理、作物产量估算和土壤水分动态预报等各项研究，以及水资源的合理开发利用均需要蒸发蒸腾资料。作物需水量的预测是灌溉预报的关键。为了较准确地预先确定灌水周期或估计非充分灌溉引起的减产率，必须预测未来一段时间内作物需水量及其变化过程。因此，农田蒸发蒸腾理论及其计算方法的研究历来受到国内外学者的高度重视。

（二）作物需水量的影响因素

作物需水量取决于与作物生长发育有关的内部因子与外部因子。所谓内部因子，是指对需水规律有影响的生物学特性，这些特性与作物种类和品种有关，同时也与作物的发育期和生长状况有关。气象因素（包括太阳辐射、气温、日照、风速和湿度等）和土壤因素（包括土壤含水量、土壤质地、土壤结构和地下水位等）属于外部因子。各种不同的农业技术措施和灌溉排水措施只对作物需水量产生间接影响，它们或者改变土壤含水量，或者改变农田小气候条件，或者改变作物的生长状况。下面主要介绍作物因素、气象因素、土壤因素、农业技术因素对作物需水量的影响。

1. 作物因素

不同种类的作物需水量有很大的差异，凡生长期长、叶面积大、生长速度快、根系发达的作物，需水量较大；反之，需水量较小。就小麦、玉米、水稻而言，需水量最大的是水稻，其次是小麦，需水量最小的是玉米。不同品种的同一作物需水量也有很大差异，如耐旱品种的需水量较小。

同一作物在不同生长阶段需水量是不同的。作物在苗期，需水量较小；随着作物的生长和叶面积的增加，需水量不断增大。作物进入生长盛期时，需水量增加较快。叶面积最大时，作物需水量出现高峰。作物进入成熟期时，需水量又迅速下降。

每种作物都有需水高峰期，需水高峰期一般处于作物生长旺盛阶段，如冬小麦有两个需水高峰期，第一个在冬前分蘖期，第二个在开花—乳熟期；大豆的需水高峰期在开花—结荚期；谷子的需水高峰期在开花—乳熟期；玉米的需水高峰期在抽雄—乳熟期。

任何时期缺水，都会对作物的生长发育产生影响，但作物在不同生育期对缺水的敏感程度不同，如苗期作物对缺水不太敏感。通常把对缺水最敏感、缺水对产量影响最大的生育期称为作物的需水临界期或需水关键期。各种作物的需水临界期不完全相同，但大多数出现在从营养生长向生殖生长的过渡阶段，如小麦在拔节—抽穗期，棉花在开花—结铃期，玉米在抽雄—乳熟期，水稻在孕穗—扬花期等。在作物的需水临界期缺水，会对产量产生较大影响。

2. 气象因素

气象因素是影响作物需水量的主要因素，降水、辐射、气温、湿度、风速等气象因子都对作物需水量有较大影响。日照长、气温高、辐射强、空气干燥、风速大时，作物需水量增大；反之，作物需水量减小。在湿度较大、温度较低的地区，作物需水量小；而在湿度较小、温度较高的地区，作物需水量大。就年份而言，湿润年作物需水量小，干旱年作物需水量大。

气象因素不仅影响作物蒸腾速率，而且影响作物的生长发育。气象因素对作物需水量的影响往往是几个因素同时作用，很难将各个因素的影响一一分开。

降水可对作物需水量产生影响，这一影响可通过土壤含水量或湿度等因素的变化来衡量。气象因素对作物需水量的影响是通过辐射和风的作用使近地层空气逐渐变干，加大蒸发面以上的湿度梯度，从而使蒸发加快。从物理角度来讲，既有理论依据又实用的表示气象因素对作物需水量的影响的参数是蒸发力，即认为大气中存在一种控制各种下垫面蒸发过程的力，它是由大气状况决定的，是一个重要的天气、气候特征，是各种蒸发过程的共同原因或依据，它与蒸发面的类型无关。蒸发力的大小接近于自由水面蒸发量 E_0 值。

3. 土壤因素

影响作物需水量的土壤因素主要有土壤质地、颜色、含水量、有机质含量、养分状况等。沙土持水力弱，蒸发较快，因此，沙土上的作物需水量较大。就土壤颜色而言，黑褐色土壤吸热较多，蒸发较大，而颜色较浅的黄白色土壤反射较强，蒸发较小。土壤含水量较高时，蒸发强烈，作物需水量较大；土壤含水量较低时，作物需水量较小。

4. 农业技术因素

农业技术水平直接影响水量消耗的速度。粗放的农业技术，可导致土壤水分的无效消耗。灌水后适时耕耙保墒、中耕松土，将使土壤表面形成一个疏松层，可减少水量的消耗。

（三）作物需水量的计算方法

作物需水量的计算方法很多，概括起来主要有两类：一类是根据田间试验直接测定作物需水量（作物需水量的田间测定方法主要包括器测法、田测法、坑测法等）与其影响因素之间的经验关系，再计算作物需水量的方法，属于经验公式类。另一类是先计算参照作物蒸发蒸腾量 ET_0，再根据不同作物的实际情况及土壤实际水分状况，确定作物系数 K_c 和土壤水分修正系数 K_θ（充分供水条件下 $K_\theta = 1$）来计算实际作物需水量的半经验方法。由于经验公式有较强的区域局限性，其使用范围受到很大限制。目前，国际上较通用的作物需水量计算方法是基于参考作物蒸发蒸腾量计算实际作物需水量。

1. 根据经验公式计算作物需水量的方法

该法是先从影响作物需水量的因素中选择一个或几个主要参数，找出它们与作物需水量之间的关系，并用经验公式表示。当已知影响因素的参数值时，便可计算出作物需水量。在我国采用较多的是蒸发皿法、产量法和多因素法。下面主要介绍蒸发皿法和产量法。

（1）蒸发皿法是以水面蒸发量为参数的作物需水量计算方法（或称 α 值法）。大量灌溉试验资料表明，水面蒸发量与作物需水量之间存在一定程度的相关关系。因此，可以用水面蒸发量这一参数计算作物需水量。这种方法最早由美国的科学家提出，而后世界上不少国家在这方面进行了研究，其计算公式为

$$ET = \alpha E_0 + b \tag{2-4}$$

式中，ET 为某时段的作物需水量（mm）；E_0 为同时段的水面蒸发量（E601 型蒸发皿或 80 cm 口径蒸发皿测定值，mm）；b 为经验常数；α 为需水系数，或称蒸发皿系数，即作物需水

量与水面蒸发量的比值，随作物生育阶段而改变，由实测资料确定。一般条件下，其值为：水稻 0.8 ~ 1.57，小麦 0.3 ~ 0.9，棉花 0.34 ~ 0.9，玉米 0.33 ~ 1.0，谷糜 0.5 ~ 0.72。

该法应用简便，蒸腾蒸发与水面蒸发虽然是不同类型的蒸发，但两者受气象条件影响的方向基本相同，故用水面蒸发推算作物需水量是合理的。多年来的实践证明，应用该法时必须注意蒸发皿的规格、安装方式及观测场地的规范化。若蒸发皿的规格与安装方式统一，对于水稻及土壤水分充足的旱作物，该法的误差一般小于 30%。对于土壤水分不充足的旱作物，因其需水量受土壤含水量的影响较大，而该法未予考虑，故误差较大。

（2）产量法是以产量为参数的作物需水量计算方法（或称 K 值法）。作物产量反映了水、土、肥、热、气、光照等因素，以及农业措施的综合作用。在一定条件下，作物需水量将随产量的提高而增加，但是作物需水量的增加并不与产量成比例，如图 2 - 2 所示。从图 2 - 2 中可以看出，单位产量作物需水量随产量的增加而减小，说明当作物产量达到一定水平后，要进一步提高产量就不能仅靠增加水量，必须同时改善作物生长所需的其他条件。用作物产量计算作物需水量的表达式为

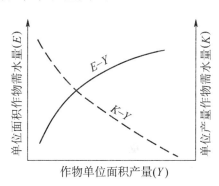

图 2 - 2　作物需水量与产量的关系

$$ET = KY \tag{2-5}$$

或

$$ET = KY^n + c \tag{2-6}$$

式中，ET 为作物在全生育期的总需水量（mm 或 m^3/hm^2）；Y 为作物单位面积产量（kg/hm^2）；K 为需水系数，通过试验确定；n、c 分别为经验指数和常数，通过试验确定。

产量法使用简便，只要确定了计划产量便可计算出作物需水量，同时该法使作物需水量与产量相联系，有助于进行灌溉经济分析计算。对于旱作物，在土壤水分不能充分满足需求的情况下，作物需水量随产量的提高而增大，用产量法计算较可靠，误差一般在 30% 以下。但对于土壤水分充足的旱田和水稻田，作物需水量主要受气象条件的控制而与产量的相关关系不明显，故用该法计算的误差较大。此外，产量法只能用于计算全生育期的总需水量，不能用来计算各阶段的需水量。

2. 基于参考作物蒸发蒸腾量计算实际作物需水量的方法

参考作物蒸发蒸腾量是指高度一致、生长旺盛、完全覆盖地面而不缺水的绿色草地（8 ~ 15 cm）的蒸发蒸腾量。此概念最早是由英国气象学家彭曼于 1946 年提出的。基于参考作物蒸发蒸腾量计算实际作物需水量的方法不受土壤含水量和作物种类的影响，计算过程如下。

（1）参考作物蒸发蒸腾量的计算。参考作物蒸发蒸腾量均按日历时段（月或旬），根据当时的气象条件分阶段进行计算。计算参考作物蒸发蒸腾量的方法很多，如 Penman 法、

Penman – Monteith 法、辐射法、Blaney – Criddle 法、蒸发皿法等。

（2）实际作物需水量的计算。参考作物蒸发蒸腾量只考虑了气象因素对作物需水量的影响，实际作物需水量还应根据作物与土壤因素进行修正。

① 充分供水条件下作物需水量（ET）的计算。通常把某一时段作物实际蒸发蒸腾量与参考作物蒸发蒸腾量之比称为作物系数（K_c）。单作物系数法由赖特（Wright）最早提出，并被联合国粮食及农业组织作物需水量专家咨询组采纳和修正。充分供水条件下作物需水量的计算公式如下。

单作物系数法：

$$ET = K_c ET_0 \qquad (2-7)$$

双作物系数法：

$$ET = (K_{cb} + K_e) ET_0 \qquad (2-8)$$

式中，ET_0 为参考作物蒸发蒸腾量；K_c 为作物系数，与作物种类、品种、生育期和群体叶面积指数等因素有关，是作物自身生物学特性的反映；K_{cb} 为基础作物系数，是表层土壤干燥而根区平均含水量不构成土壤水分胁迫条件下 ET_c 与 ET_0 的比值，侧重反映作物潜在蒸腾的影响作用（对大多数作物来说，K_{cb} 在播种期和苗期较小，为 0.15~0.2；在快速生长期迅速增大，为 0.3~0.8；当植被完全覆盖地面后，达最大值，接近于 1.0；在成熟期迅速减小，为 0.8~0.15。每种作物的 K_{cb} 值可参阅联合国粮食及农业组织文献）；K_e 为表层土壤蒸发系数，代表了作物地表覆盖较小的苗期和生长前期，除 K_{cb} 包含的残余土壤蒸发效果外，在降水或灌溉发生后由大气蒸发力引起的表层湿润土壤的蒸发损失比。

单作物系数法计算简单，广泛应用于实际作物需水量的计算与预报。实测结果表明，K_c 在作物全生育期内的变化规律是：前期和后期相对较小，生长盛期较大。由于实际作物需水量与参考作物蒸发蒸腾量受气象因素的影响是同步的，因此，在同一产量水平下，不同水文年份的作物系数相对稳定。K_c 可根据各月田间实测需水量和用相同阶段的气象因素计算出的参考作物蒸发蒸腾量求得。在求出某作物历年（3 年以上）不同月份的 K_c 后，用算术平均法求得作物多年平均各月的作物系数。同理，可求得作物全生育期的平均作物系数。

② 水分胁迫条件下作物蒸发蒸腾量估算方法。干旱缺水时，土壤含水量降低，土壤毛管传导率减小，根系吸水率降低，供水不足，作物遭受水分胁迫，叶片含水量降低，气孔阻力增大，从而导致水分胁迫条件下的作物蒸发蒸腾速率低于无水分胁迫时的作物蒸发蒸腾速率。水分胁迫条件下作物蒸发蒸腾量 ET_a 是充分供水条件下作物蒸发蒸腾量 ET 和土壤水分胁迫系数 K_θ 的乘积，即

$$ET_a = K_\theta ET = K_\theta k_c ET_0 \qquad (2-9)$$

或

$$ET_a = K_\theta ET = K_\theta (K_{cb} + K_e) ET_0 \qquad (2-10)$$

式中，K_θ 为土壤水分胁迫系数，其他符号的意义同前。

关于 K_θ 的计算方法相关学者提出了许多种，这里仅介绍联合国粮食及农业组织推荐的方法。根区的土壤水分含量也可用根区消耗的水量 D_r 表示。当土壤水分含量为田间持水量时，根区消耗的水量为零，即 $D_r = 0$。当 $D_r = \text{RAW}$ 时，胁迫开始发生。当土壤水分含量低于临界值 θ_t 后，作物蒸发蒸腾过程受到土壤水分含量的限制，作物蒸发蒸腾量开始减小。土壤水分胁迫系数 K_θ 的确定过程如下：

$$\begin{cases} K_\theta = \dfrac{\text{TAW} - D_r}{\text{TAW} - \text{RAW}} = \dfrac{\text{TAW} - D_r}{(1 - \rho)\text{TAW}}, & D_r > \text{RAW} \\ K_\theta = 1, & D_r \leqslant \text{RAW} \end{cases} \tag{2-11}$$

式中，TAW 为总有效土壤水量（mm）；D_r 为根区消耗的水量（mm）；RAW 为易利用有效水分（mm）。

总有效土壤水量是土壤在田间持水量与永久凋萎点含水量之间能够保持的水量，用下式计算：

$$\text{TAW} = 1\,000(\theta_{FC} - \theta_{WP})Z_r \tag{2-12}$$

式中，θ_{FC} 为田间持水量；θ_{WP} 为永久凋萎点含水量；Z_r 为根区深度（m）。

易利用有效水分为水分胁迫发生前作物从根区吸收的土壤水分，用下式计算：

$$\text{RAW} = \rho\text{TAW} \tag{2-13}$$

式中，ρ 为水分胁迫发生前根区消耗的土壤水量占总有效土壤水量的比例。ρ 值随作物种类、ET_c 的变化而变化。FAO-56 提供了不同作物在 $\text{ET}_c = 5$ mm/d 时的 ρ 值，在该条件下冬小麦、夏玉米的推荐 ρ 值为 0.55。应用时根据 ET_c 值对推荐 ρ 值进行修正，公式为

$$\rho = \rho_{推荐值} + 0.04 \times (5 - \text{ET}_c) \tag{2-14}$$

（四）作物水分利用效率

作物水分利用效率是指作物消耗单位水分所生产的同化物质的量，反映了作物消耗水与其干物质生产之间的关系。

作物水分利用效率既受遗传基因的控制，又受环境因素和栽培条件的影响。不同物种或品种的水分利用效率不同；同一物种或品种在不同环境条件下的水分利用效率也不同。

作物水分利用效率可以从单叶和群体水平上进行表达。前者可称为蒸腾效率，更好地说明了作物本身的性能；后者可称为蒸发蒸腾效率，更接近田间的实际情况。在具体应用中应加以区别。

1. 单叶水平的作物水分利用效率

单叶水平的作物水分利用效率用光合效率和蒸腾速率之比来表示。光合速率 P 和蒸腾速率 T 的计算公式分别为

$$P = \frac{\Delta_{CO_2}}{R_a + R_s + R_m} \cdot D_{CO_2} \tag{2-15}$$

$$T = \frac{\Delta_{H_2O}}{R_a + R_s} \cdot D_{H_2O} \tag{2-16}$$

式中，Δ_{CO_2} 和 Δ_{H_2O} 分别为细胞间隙和大气间的 CO_2 与水蒸气浓度差；R_a、R_s 和 R_m 分别为气体扩散的界面层阻力、气孔阻力和叶内阻力；D_{CO_2} 和 D_{H_2O} 分别为 CO_2 和水蒸气的扩散系数，$D_{CO_2} = 0.64 D_{H_2O}$。因此，单叶水平的作物水分利用效率可表示为

$$\text{WUE}_{\text{叶}} = \frac{P}{T} = 0.64 \cdot \frac{\Delta_{CO_2}}{\Delta_{H_2O}} \cdot \frac{R_a + R_s}{R_a + R_s + R_m} \qquad (2-17)$$

由式（2－17）可以看出，在光合蒸腾过程中 CO_2 遇到的阻力有三个，而水蒸气遇到的阻力只有两个，这使气孔阻力 R_s 的变化对光合作用和蒸腾作用的相对影响不大相同，这是蒸腾作用对气孔开度的依赖大于光合作用对气孔开度的依赖的主要原因。根据上述公式可以计算任何已知情况下单叶水平的作物水分利用效率的最高理论值。

2. 群体水平的作物水分利用效率

群体水平的作物水分利用效率用干物质产量（DW）或籽粒产量（Y）与同期蒸发蒸腾量（ET）之比表示，即

$$\text{WUE} = \frac{Y(\text{DW})}{\text{ET}} \qquad (2-18)$$

WUE 也称为作物的蒸发蒸散效率，干物质产量中一般不包括根系，它不仅受单叶水平的作物水分利用效率的影响，也受土壤水分蒸发损失量的影响，因此凡是对作物的蒸腾蒸发比（T/E）有影响的一切作物或外界因素均对群体水平的作物水分利用效率有影响。

提高作物水分利用效率的措施：宏观上减少水分的蒸发、渗漏、径流损失，增强土壤耕层的水分入渗，使尽可能多的水分用于农田蒸散，以增加作物的产量；微观上提高以 ET 为基础的水分利用效率，这主要包括作物管理、品种改良、生长调节物质的应用三个途径。

（五）SPAC 水分运移的概念

水分经由土壤到达作物根表皮，进入根系后，通过茎到达叶片，再由叶片气孔扩散到大气中，形成一个统一的、动态的、相互反馈的连续系统。因此，在研究作物生长条件下的土壤水分运动时，不仅要分析水分在土壤中的运动，还需要考虑土壤中的水分向作物根系的运移、作物体内液态水分的运动，以及作物叶面和土层向大气的水流扩散运动等。尽管介质不同、界面不一，但在物理上都可视为一个统一的连续体，而且完全可以应用统一的能量指标"水势"来定量研究整个系统中各个环节能量水平的变化。水流通量的计算公式为

$$q = \frac{\varphi_s - \varphi_r}{R_{sr}} = \frac{\varphi_r - \varphi_l}{R_{rl}} = \frac{\varphi_l - \varphi_a}{R_{la}} \qquad (2-19)$$

式中，q 为水流通量；φ_s、φ_r、φ_l、φ_a 分别为土水势、根水势、叶水势和大气水势；R_{sr}、R_{rl}、R_{la} 分别为土壤水分通过土壤到达根表皮，越过根部通过木质部导管到达叶气孔腔，通过气孔蒸腾扩散到周围空气中这三段路径的水流阻力。

在 SPAC 中，水分运动的驱动力是水势梯度，即水分从水势高处向水势低处移动。把 SPAC 水分传输理论及其动态模拟技术的研究成果应用于农业节水灌溉实践，将为农田灌溉学科提供一个定量解决作物与其水分环境关系问题的现实途径。

降水、入渗、水在土壤中运动、作物根系吸收土壤水分、蒸发蒸腾、土壤水分向地下水运移、潜水蒸发等连续不断地进行着，构成了田间水循环。同时它们又处于平衡状态，构成田间水量平衡。蒸发蒸腾是田间水量平衡的一个分量，也是田间水循环中必不可少的一个过程。它是 SPAC 水分传输与能量转换中最重要的环节。蒸发蒸腾对 SPAC 能量的吸收与转化，以及田间能量平衡分量中潜热和显热交换的比例有重要影响。因此，SPAC 水分传输理论及水势转换关系是农田灌溉中作物需水量及灌溉用水量计算与预报的重要理论基础。

研究 SPAC 的水分传输过程和规律，有利于了解 SPAC 中水分能量和水流阻力的分布过程及相互反馈关系，并定量计算水流通量，为作物水分供需评价的研究提供理论依据，为制定合理的灌溉制度和灌水方法、实施节水灌溉和水循环研究服务。

（六）灌溉设计标准

灌溉设计标准是反映灌区的效益达到某一水平的一个重要技术指标，一般用灌溉设计保证率表示，南方小型水稻灌区也可用抗旱天数表示。

1. 灌溉设计保证率

灌溉设计保证率是指灌区灌溉用水量在多年期间能够得到充分满足的概率，一般用设计灌溉用水量全部获得满足的年数占计算总年数的百分率表示。计算公式为

$$灌溉设计保证率（P）=\frac{设计灌溉用水量全部获得满足的年数}{计算总年数}\times100\% \quad (2-20)$$

灌溉设计保证率通常用符号 P 表示。例如，$P=75\%$，表示平均在 100 年中可能有 75 年满足设计灌溉用水要求，它综合反映了水源供水和灌区用水两方面的情况。大中型灌区可采用时历法计算灌溉设计保证率，时历年系列一般应不少于 30 年。

设水源供给灌溉用水的数量大于或等于灌区灌溉用水量的年数为 m，计算系列的总年数为 n，灌溉设计保证率可用下式计算：

$$p=\frac{m}{n+1}\times100\% \quad (2-21)$$

灌溉设计保证率的选定，影响工程建筑物的规模（如坝高、库容、渠系建筑物的尺寸、抽水站装机容量等）和灌溉面积的大小。故灌溉设计保证率过高或过低都是不经济的，应根据水源条件，按不同的灌溉面积和工程技术方案，计算与各种灌溉设计保证率相应的灌溉工程净效益，如无其他约束条件，应选定一个经济效益最优的灌溉设计保证率作为灌溉设计标准。

确定经济合理的灌溉设计保证率是相当复杂的工作，工作量很大。目前，一般灌溉工程的灌溉设计保证率是根据当地水文条件、作物种植状况，参照表 2-1 选用的。

表 2 - 1　灌溉设计保证率标准参考值

灌水方法	地　区	作物种类	灌溉设计保证率
地面灌溉	干旱地区 或水资源紧缺地区	以旱作为主	50%～75%
		以水稻为主	70%～80%
	半干旱半湿润地区 或水资源不稳定地区	以旱作为主	70%～80%
		以水稻为主	75%～80%
	湿润地区 或水资源丰富地区	以旱作为主	75%～80%
		以水稻为主	80%～95%
喷灌、微灌	各类地区	各类作物	85%～95%

注：引洪淤灌系统的灌溉设计保证率可取 30%～50%。

2. 抗旱天数

抗旱天数是指作物生长期间遇到连续干旱时，灌溉设施能确保用水要求的天数。抗旱天数是我国灌溉设计标准的表达方式之一，它反映了灌溉工程的抗旱能力。抗旱天数越多，抗旱标准越高。这种灌溉设计标准适用于我国南方丘陵水稻区以当地水源为主的小型灌区。

以抗旱天数为标准设计灌溉工程时，旱作物和单季稻灌区抗旱天数可为 30～50 d，双季稻灌区抗旱天数可为 50～70 d。

抗旱天数有两种不同的统计方法：一是统计连续无雨日数，有些地区规定日降雨量小于 3 mm 为无雨日，有些地区则规定日降雨量小于 5 mm 为无雨日；二是统计连续无透雨日数，即两次透雨的间隔日数。

确定抗旱天数时还应进行经济比较，抗旱天数定得过高，作物遭受旱灾的可能性小，但工程规模大，投资多，水资源利用不充分，不一定是最经济的选择；反之，抗旱天数定得过低，工程规模小，投资少，水资源利用较充分，但作物遭受旱灾的可能性大，也不一定经济。要根据当地水资源条件、作物种类及经济状况，拟定切合实际的抗旱天数，以期达到较高的经济效益。

第四节　作物的灌溉用水量与灌水率

一、灌溉用水量

灌溉用水量是指某一灌溉面积上需要从水源提供的水量。灌溉用水量的大小及其在多年和年内的变化情况与灌溉制度、灌溉面积、作物种植结构、土壤、水文、地质、气象、渠系输水和田间灌水的水量损失等因素有关。因此，确定灌溉用水量，须先取得以上这些因素的基本资料。若为已建工程的管理运用确定灌溉用水量，如制订水库调度计划、渠系配水计划等，需要以该运用年份内各种作物灌溉的基本资料，如灌溉制度、灌溉面积和水量损失等情况为依据。若为新建工程的规划设计确定灌溉用水量，则需要多年系列或设计年份内的上述资料。

（一）灌溉用水量的确定

灌溉用水量及其在年内的分配影响灌溉工程规模，如水库兴利库容、灌溉渠道横断面大小及渠道建筑物的尺寸等。对于灌区而言，灌溉用水量取决于该灌区作物的灌溉制度、种植结构和灌溉水利用系数。一定时段内，灌区种植结构和灌溉水利用系数变化较小，灌溉用水量主要取决于灌溉制度。

灌溉制度可根据灌溉试验法或水量平衡法等确定。在缺少足够试验资料的情况下，水量平衡法是确定灌溉制度的主要方法。对于特定灌区，在土壤和管理制度变化不大的情况下，灌溉制度主要取决于气象因素。由于气象因素的变化，每年的灌溉制度是不同的。因此，在规划设计中，首先需要确定灌溉设计标准，然后根据灌溉设计标准选定典型水文年，即设计典型年，以该年的气象资料、作物资料作为灌溉用水量及其用水过程规划设计的依据。设计典型年一般采用水文频率统计法确定。

（二）灌溉制度的确定

灌溉制度的确定应当遵循以下原则。

（1）30.0万亩（2.0万 hm²）及以上灌区应采用时历年法确定历年各种主要作物的灌溉制度。根据灌水定额的频率分析选出2~3个符合灌溉设计保证率的年份，以其中灌水分配过程不利的一年为设计典型年，以该年的灌溉制度作为设计灌溉制度；时历年系列不宜少于30年。灌区的降水、土壤、水文地质条件有较大差异时，应分区确定灌溉制度。

（2）1.0万亩（666.7 hm²）~30.0万亩（2.0万 hm²）灌区可采用典型年法确定各种主要作物的灌溉制度，必要时可采用时历年法。根据灌溉期降水的频率分析选出2~3个符合灌溉设计保证率的年份，拟定其灌溉制度，以其中灌水分配过程不利的一年为设计典型年，以该年的灌溉制度作为设计灌溉制度。

（3）1.0万亩（666.7 hm²）以下小型灌区的灌溉制度可参照邻近地区确定，必要时可采用典型年法确定。

（4）作物灌溉制度应经观测试验、灌溉经验及灌区水量平衡分析计算相互检验确定。

以降水频率确定设计典型年的方法目前有以下三种。

① 按年降水量选择灌溉用水设计典型年。将历年的降水量从大到小排列进行频率计算，选择2~3个降水量与灌溉设计保证率相同或相近的年份，以其中降水分配过程最不利于作物生长的一年为设计典型年，以该年的气象资料作为计算灌溉用水量和用水过程线的依据。

② 按主要作物生长期的降水量选择灌溉用水设计典型年。统计历年主要作物生长期的降水量，进行频率计算。选择降水量频率与设计灌溉保证率相同或相近，水量分配不利的一年为设计典型年。

③ 按降水量年内分配情况选择灌溉用水设计典型年。对历史上曾经出现过的、旱情较重的一些年份进行分析，选择对作物生长最不利的雨型分配作为设计雨型。然后根据历年的

降水量资料进行频率计算。选择年降水量频率与灌溉设计保证率相同的降水量作为设计降水量。按照设计雨型对设计降雨进行分配，作为灌溉用水量计算的依据。

当设计频率条件下的灌溉制度确定后，可用其与来水频率曲线进行组合，推求兴利库容。对于年调节水库，可用每年的灌溉资料逐年推算水库兴利库容，然后通过数理统计方法推求设计灌溉保证率下的兴利库容。

（三）灌溉用水量及灌溉用水过程线计算

当灌溉制度确定后，即可根据灌区的作物组成确定灌溉用水量和灌溉用水过程线。

对于灌区而言，第 i 种作物某次灌水时田间的净灌溉用水量 $M_{净i}$ 为

$$M_{净i} = \omega_i m_i \qquad (2-22)$$

式中，ω_i 为第 i 种作物的灌溉面积（hm^2）；m_i 为第 i 种作物某次灌水的灌水定额（m^3/hm^2）。

灌区任何一个时段内的净灌溉用水量 $M_净$，等于该时段内各种作物净灌溉用水量之和，即

$$M_净 = \sum_{i=1}^{n} \omega_i m_i \qquad (2-23)$$

据此可求得典型年灌区净灌溉用水量和灌溉用水过程线。

灌溉用水由水源经各级渠道输送到田间，渠道渗漏、蒸发及田间渗漏等会造成部分水量损失，故水源供给灌区的毛灌溉用水量等于净灌溉用水量与损失水量之和。通常将净灌溉用水量与毛灌溉用水量之比 $\eta_水$（灌溉水利用系数）作为衡量灌溉水有效利用率或反映灌溉水损失情况的指标。那么，某时段灌区需要从水源取得的水量为

$$M_毛 = M_净 / \eta_水 \qquad (2-24)$$

灌溉用水过程线还可用综合灌水定额求得。根据综合净灌水定额，灌区某时段内的净灌溉用水量为

$$M_净 = \omega m_{综,净} \qquad (2-25)$$

式中，$M_净$ 为灌区某时段内的净灌溉用水量（m^3）；ω 为灌区的总灌溉面积（m^3/hm^2）；$m_{综,净}$ 为灌区某时段内的综合净灌水定额（m^3/hm^2），是该时段内各种作物灌水定额的面积加权平均值。$m_{综,净}$ 的计算公式为

$$m_{综,净} = \sum \alpha_i m_i \qquad (2-26)$$

式中，α_i 为第 i 种作物的种植面积占总灌溉面积的比例；m_i 为在该时段内第 i 种作物的灌水定额（m^3/hm^2）。计入损失水量后，灌区某时段内的毛灌溉用水量 $M_毛$ 为

$$M_毛 = \omega m_{综,毛} \qquad (2-27)$$

$$m_{综,毛} = \sum \alpha_i m_{综,净} / \eta_水 \qquad (2-28)$$

式中，$m_{综,毛}$ 为灌区某时段内综合毛灌水定额（m^3/hm^2），其他符号意义同前。

二、灌水率

（一）灌水率概述

灌水率是指灌区单位面积所需的灌溉净流量，是确定灌区渠首的引（抽水）水流量和

渠道设计流量的重要参数，计算公式如下：

$$q_{i,k} = \frac{\alpha_i m_{i,k}}{8.64 T_{i,k}} \qquad (2-29)$$

式中，$q_{i,k}$ 为第 i 种作物第 k 次灌水的灌水率 $[\text{m}^3/(\text{s} \cdot 100\ \text{hm}^2)]$；$\alpha_i$ 为第 i 种作物的种植比例，即该作物的种植面积占总灌溉面积的比例；$m_{i,k}$ 为第 i 种作物第 k 次灌水的灌水定额（m^3/hm^2）；$T_{i,k}$ 为第 i 种作物第 k 次灌水的灌水延续时间（d）。

可以看出，某种作物的灌水率与灌水定额、种植比例和灌水延续时间有关。当作物的种植比例和灌水定额一定时，灌水延续时间是影响灌水率的主要因素。灌水延续时间应根据当地作物品种、灌水条件、灌区规模、水源条件及前茬作物收割期等因素确定。灌水延续时间越短，作物对水分的要求越容易满足，但渠道的设计流量加大，渠系工程量增加。对于万亩以上灌区，主要作物灌水延续时间可按表 2-2 选取。面积大者取大值。

表 2-2　万亩以上灌区作物灌水延续时间　　　　　　　　　　　单位：d

作　　物	播　　前	生　育　期
水稻	5~15（泡田）	3~5
冬小麦	10~20	7~10
棉花	10~20	5~10
玉米	7~15	5~10

对于面积较小的灌区或井灌区，取值时可按表 2-2 中的数值适当减小。例如，一条农渠的灌水延续时间一般在 12~24 h。

（二）灌水率图及其修正

设计灌水率是渠首取水流量和渠道设计的依据。对于灌区规划设计而言，为了确定设计灌水率，一般先针对某一设计典型年计算出灌区各种作物每次灌水的灌水率，并将所得灌水率绘成直方图，称为灌水率图。某灌区初步灌水率图如图 2-3 所示。

各时期作物需水量悬殊，灌水率差异较大，造成渠道输水流量和水位变化较大，影响渠道安全运行。而且渠道输水断断续续，不利于管理，为此必须对初步算得的灌水率图进行必要的修正，尽可能消除灌水率高峰和短暂停水现象。灌水率图的修正遵循以下原则：

（1）修正后的灌水率图应与水源供水条件相适应。

（2）尽量保证作物需水临界期的灌水不变。若需要提前或推迟灌水日期，前后不得超过 3 d，且以提前为主。若同一种作物连续两次灌水均需变动灌水日期，不应一次提前一次推后。

（3）修正后的灌水率应当比较均匀，使渠道水位和流量不发生剧烈变化。一般取累积 30 d 以上的最大灌水率为设计灌水率，短期的峰值不应大于设计灌水率的 120%，最小灌水率不应小于设计灌水率的 40%。

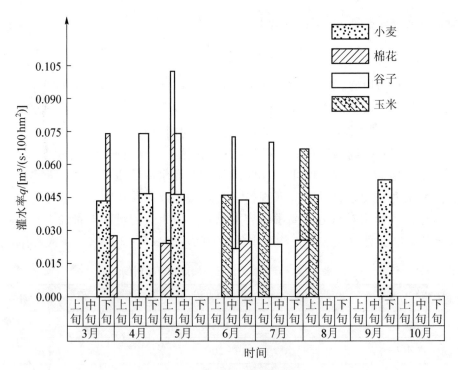

图 2-3　某灌区初步灌水率图

（4）应避免经常停水，特别应避免小于 5 d 的短期停水，保证渠道安全运行。

当上述要求不能满足时可适当调整作物组成。按照上述原则，某灌区修正后的灌水率图如图 2-4 所示。

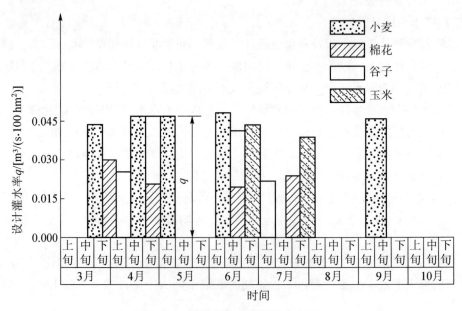

图 2-4　某灌区修正后的灌水率图

本章小结

本章主要讲述了水分对作物生理生态的作用，水分胁迫对作物生理生长及产量的影响，节水灌溉的原理和作物灌溉用水量与灌水率等内容，其中前两部分侧重于从机理方面阐述水分对作物生长的重要性，是后两部分的理论基础，最后一部分是确定作物灌溉制度的依据。具体而言，本章涉及水对作物生命活动及生态环境的重要性、作物吸收水分的途径、作物体内水分的散失、土壤水分亏缺与胁迫、作物水分亏缺与胁迫、水分胁迫对作物生长的负效应、节水灌溉的原理、作物需水量的相关概念，以及 SPAC 系统、灌溉设计标准、灌溉用水量和灌水率等内容。本章包含的知识点较为零散且广泛，但均围绕作物需水量和灌溉用水量展开，有助于读者更好地理解并掌握。

复习思考题

1. 什么叫水分胁迫？水分胁迫主要影响作物的哪些生理过程？
2. 影响作物需水量的因素有哪些？如何计算作物需水量？
3. 什么是灌溉用水量？如何确定灌溉用水量？
4. 什么是灌水率？如何计算灌水率？
5. 设计典型年灌溉制度的确定应遵循的原则有哪些？

第三章　输水节水技术

本章提要

灌溉实施过程中的水量损失主要包括输水损失、配水损失和田间管理损失。而渠道输水、管道输水和管渠结合输水三种方式能够有效减少输配水过程中的水量浪费，提高灌溉水的利用率和利用效率。采用渠道防渗措施，可减少土渠渗漏量的70%~90%；采用管道输水措施，可有效阻断输水渗漏途径，使渗漏量减少90%以上。在有冻胀发生或膨胀性土壤的区域，应注意渠道冻胀破坏及土基膨胀破坏；冻胀区管道应埋设在冻土层以下。为实现节水，渠道输水采取的主要措施是渠道衬砌和加强管理；管道输水采取的主要措施是加强管理和合理布局。

主要内容

1. 渠道防渗材料及断面形式。
2. 渠道防渗方法的选择。
3. 渠道防冻胀技术。
4. 管道输水技术。

学习目标

1. 掌握：常用的渠道防渗方法，不同渠道防渗技术的特点、适用条件及技术要求，管道输水和管道布置的要求与方法。
2. 熟悉：不同渠道防渗结构考虑的主要因素、输水节水技术应注意的问题。
3. 了解：渠道机械化施工技术、管道铺设及渠道防渗的施工方法。

第一节　渠道防渗技术

在节水灌溉工程中，减少输水过程中的水量损失是非常重要的，通过衬砌方式减少渠道输水过程中的水量浪费是目前节水灌溉的主要措施之一。结合我国渠道防渗技术发展情况和工程建设中的问题，我们应了解各种渠道衬砌断面的适用范围及选择方法、渠道防冻胀技术、渠道防渗新材料的研究与应用现状、渠道接缝技术及相应的施工方法。

一、渠道防渗材料及施工技术

（一）渠道防渗材料

综合国内外工程技术概况，渠道防渗材料研究主要集中在防渗新材料、复合材料及其结构等方面。

1. 防渗新材料

（1）薄膜材料（膜料）。膜料防渗始于 20 世纪 50 年代的美国，于 1970 年开始推广。目前使用的膜料有沥青膜、塑膜、合成橡胶膜、膨润土膜等。

我国于 20 世纪 60 年代开始研究膜料防渗，之后逐渐推广。1984 年，为加速推广塑膜防渗，在全国渠道防渗科技协调组的组织下，塑膜防渗科技经验交流会在新疆召开，使塑膜防渗很快发展起来，且生产了一些新型膜料。目前膜料防渗的使用情况如下。

① 聚乙烯、聚氯乙烯及其改性塑膜。其具有防渗性能好、质轻、延伸性强、造价低且能满足工程使用寿命等优点，已迅速在全国渠道防渗工程上推广。近年来，研究人员又开发出宽幅、高密度、线性低密度以及高充填合金聚乙烯膜，使其抗拉强度、延伸率和抗撕裂强度有了大幅提高，加上与之配套的多种黏合剂和焊接工艺，塑膜防渗的应用前景广阔。

② 聚氯乙烯复合防渗布。聚氯乙烯复合防渗布是将聚氯乙烯加增塑、抗老化剂等材料压延涂敷于无纺布上制成的复合防渗膜料，有一布一膜、两布一膜等系列产品，其具有竖向防渗、水平导水的性能，强度大，抗老化性能较好。但价格较高，适用于地下水位埋深小或有旁渗的渠道，以及防渗标准较高的工程。

③ 沥青玻璃丝布油毡。沥青玻璃丝布油毡是以玻璃丝布作为基材，以改性沥青作为浸涂层，经压制而成的防水卷材，20 世纪 70 年代由水利部西北水利科学研究所与青海省水利水电科学研究所协作开发并经防渗工程试验成功。后针对沥青低温变脆、高温流淌及老化快等缺陷，采用高聚合物及添加剂改善沥青的性质，各地陆续开发出 SBS、FBS 等多种类型的改性沥青及高分子防水卷材。其中，SBS 改性沥青玻璃丝布油毡是将高弹性体橡胶苯乙烯－丁二烯－苯乙烯嵌段共聚物掺入沥青，使其软化点、针入度和延伸性有较大改善。FBS 玻纤防渗布的强度和防渗性通过优化配方和改进工艺得到明显提高；FBS－3 型还在迎水面加贴聚乙烯膜，具有更好的防渗性。

（2）沥青混凝土。沥青混凝土因具有高防渗性、低温柔性和裂缝自愈等突出优点，早在 1936 年就被用于阿尔及利亚格里布斜墙坝，继而很快在水工防渗工程上得到推广。日本利用沥青混凝土修建蓄水池和防渗面板坝的资料较多，用于渠道防渗方面的资料并不多见。美国除采用沥青膜防渗外，还用密级配沥青混凝土进行渠道防渗，并制定了相应的沥青混凝土配合比标准。德国也曾采用并有专门的施工机械等。我国水利部西北水利科学研究所于 20 世纪 70 年代经过陕西省冯家山灌区、青海省湟海渠和山东省打渔张五干渠等地的沥青混凝土渠道防渗工程试验证明，其极限拉伸值为混凝土的 3.6~20 倍，在 −27~−22 ℃ 的低温下尚有一定的柔性，且为黑色材料，可用于有冻害的渠道防渗工程；可以适应冻胀变形，有保温作用；可以减免冻害，且造价不高，是一种很有前途的防渗新材料。目前，因料源不足、价格较高，该材料的推广较慢。

（3）新型止水伸缩缝止水材料。美国多用弹性人造橡胶、聚氯乙烯止水带作为止水伸缩缝止水材料。日本则多采用止水板（橡胶止水带）、沥青、沥青玛蹄脂、弹性玛蹄脂、密封胶作为止水伸缩缝止水材料。国外很重视接缝处理工作和止水材料的研究，认为提高止水材料的投资是值得的。

近年来，我国在止水材料研究方面做了较多工作。例如，水利部西北水利科学研究所研发了新型伸缩缝止水材料焦油塑料胶泥、PTN 接缝材料、JS–18 阻燃防水卷材等。

（4）新型防冻害保温材料。在我国寒冷地区，防渗渠道必须采取防冻害措施。近年来，试验证明，将聚苯乙烯泡沫塑料板铺于防渗层下，可以起保温、防冻害的作用。为了降低造价，研究人员研制出膨胀珍珠岩板和矿渣棉板等，满足了生产的需要。

2. 复合材料及其结构

实践证明，单一的混凝土或砌石等防渗材料很难达到预期的防渗效果。近年来，随着防渗膜料的发展，人们越来越多地采用复合材料防渗的结构形式，即将柔性膜料（塑膜、沥青玻璃丝布油毡或复合防渗膜料等）作为防渗层，以发挥防渗作用；在膜料防渗层上，再用混凝土等刚性材料或土料作为保护层，此层主要起保护柔性膜料不被外力破坏和防止老化、延长工程寿命的作用。两种材料互相配合，具有明显的经济优势，是目前的发展趋势。复合材料现已在山东省引黄济青和打渔张五干渠等大型防渗工程上，以及湖南、陕西、新疆、山西、宁夏等省（自治区）大规模推广。不同材料渗漏量统计表如表3–1所示。

表3–1　不同材料渗漏量统计表

渠道防渗材料	不同水深下的渗漏量/[L/(m²·h)]			
	0.3 m	0.6 m	1.0 m	1.4 m
不防渗的土渠	27	41	57	69.5
浆砌石	11.5	19.5	31.5	43
预制混凝土板	11.5	15	17.5	20
现浇混凝土	7.5	10	12.5	14
复合材料	1.5	2	2.5	3

（二）渠道衬砌断面形式及选择

渠道衬砌断面的形式很多，根据工程的不同要求、不同地形条件及不同习惯等，目前渠道衬砌断面的形式主要有矩形断面、弧形坡脚梯形断面、U 形断面、弧底梯形断面等。我国在小型渠道上已广泛推广了 U 形断面，大中型渠道上也将逐渐采用弧形坡脚梯形断面和弧底梯形断面。

1. U 形断面防渗渠道

U 形衬砌防渗技术主要用于田间小型渠道。田间小型渠道是田间工程的主要组成部分。混凝土是 U 形断面防渗渠道的主要衬砌材料。提高田间小型渠道的衬砌率有利于提高灌水工作效率及田间水利用率。

U 形渠槽由于具有防渗效果显著、水力学性能好、抗外力性能佳、省工省料、占地少、便于管理等优点，目前在我国已得到广泛应用。

这种槽形结构可采用预制或现浇法施工；可置于地面，也可埋设于土基中，还可采用架空式渠槽。架空式渠槽类似于渡槽。置于地面的渠槽，边墙无外部土压力作用，只考虑槽内水压力即可。但当水压力较大时，仍需进行结构计算，必要时，配置钢筋和加拉杆或支撑。埋设于土基中的渠槽，在黏性土地基中，当渠深较小时，土边坡能够自稳，防渗结构只起表面护砌作用，不承受外部土压力。因此，应首先对土坡进行稳定分析。如果渠基土稳定且无外部土压力，则 U 形断面防渗渠道防渗层的厚度取小值；如果渠基土不稳定或存在较大外部土压力，则 U 形断面防渗渠道和矩形断面防渗渠道一般宜采用钢筋混凝土结构，并根据外荷载进行结构强度、稳定性及裂缝宽度验算。验算时，计算的荷载有自重、内外水压力、水平土压力或冻胀力、渠岸活荷载和地基反力等。计算图形可简化为平面矩形或拱形框架。当顶端有撑杆时，应考虑撑杆的支承作用。

U 形断面防渗渠道目前采用底部为半圆或弧形、上部为有一定倾角的直线段的断面形式。近年来，有些灌区结合当地实际，对 U 形断面进行了改进，采用抛物线形断面，其比 U 形断面更接近最优水力断面。国外对 U 形断面防渗渠道优化设计的研究结果也表明，考虑弦高及流速和断面尺寸限制的 U 形断面防渗渠道设计的最优条件，其最佳水力断面的边坡参数为 0.514，而不是一般文献中所述的 0.7。在给定流量下，最优 U 形断面应该是窄而深的断面形式。

U 形断面防渗渠道较梯形断面防渗渠道每千米输水损失小 3.7%，较土渠可以减少渗漏损失 97%，防渗效果更好；近似于最佳水力断面，水流条件好、流速快、输水输沙能力强；抗冻害性能较好，冻害程度仅为梯形断面防渗渠道的 1/4 ~ 1/3，便于管理，投资少。该断面形式已在陕西、甘肃、山西、北京、天津、河南等省（直辖市）的小型渠道上大规模推广。

2. 弧形坡脚梯形断面或弧底梯形断面防渗渠道

弧形坡脚梯形断面或弧底梯形断面防渗渠道较梯形断面防渗渠道流速分布均匀，近似最佳水力断面，流速较快；改善了防渗渠道冻胀变形分布的不均匀性，且渠底有一定的反拱作用，可以减轻冻害，减少裂缝和错台现象，造价较低。例如，土保护层膜料防渗渠道采用此断面形式，其边坡的稳定性增高，适用于大中型防渗渠道。

（三）渠道防渗工程防冻害技术

日本在渠道防渗工程防冻害方面主要采用"抵抗"冻胀的观点。因此，日本改素混凝土为钢筋混凝土，同时大量地采用沙砾料换填层，并加固基础、增设排水等设施；为了防止沙砾料的污染和混凝土浆的渗入，在它们之间多铺设塑膜或保温板。这些措施投资大、造价高。我国经过多年的反复试验和实践，采用了"允许一定冻胀位移量"的工程设计标准以及"适应、削减或消除冻胀"的防冻害原则和技术措施，效果较好，与国外相比，工程造价大大降低。这是目前我国行之有效和符合国情的防冻害先进技术，并已被列入规范中，在全国执行。

（四）半机械化和机械化施工

为了保证施工质量、加快施工进度，水利部西北水利科学研究所等单位自 20 世纪 70 年代末研制和推广 U 形渠道混凝土浇筑机开始，渠道防渗工程施工已向半机械化和机械化方向发展。

1. 现浇 U 形渠道工程施工机械

（1）U 形开渠机。JKU - 180 开渠机适用于 D180U 形渠基槽的开挖。此机需 4 ~ 6 人操作，工效高且断面整齐，误差在 ±0.5 cm 以内。

（2）小型 U 形渠道混凝土浇筑机。它由水利部西北水利科学研究所研制，有 D40、D60、D80、D100、D120 等系列浇筑机械。该系列浇筑机械由导向、进料、振动、收面等部分组成，以卷扬机牵引，行进速度为 0.5 ~ 1.0 m/min，一次浇筑成直径为 40 ~ 120 cm 的 U 形渠道，断面尺寸准确，混凝土密实，施工速度快。

（3）大中型混凝土 U 形渠道用喷射法施工。喷射混凝土是用压缩空气通过喷射机将水泥、沙、石的干拌合料输送至喷头，与水泵送来的压力水混合喷射至工作面的一种施工工艺。陕西省曾在流量为 2.4 ~ 58.0 m³/s 的 U 形渠道上采用喷射法施工，取得了良好的效果，并解决了喷层与土面的黏结、表面糙率大和回弹料的处理等问题，其施工总费用仅为人工施工总费用的 80% 左右。

2. 预制块压块机

DLQ - 100 型压块机由湖南省水利水电科学研究院研制，可制成尺寸为 32 cm × 32 cm × (3 ~ 8) cm 的水泥土、灰土或三合土等预制块。该机的最大压力为 1 000 kN，预制块的密度可达 1.85 ~ 1.95 t/m³。该机结构轻巧，操作简便。

3. 轻便型制灌泥浆成套设备

轻便型制灌泥浆成套设备由联合制浆机、泥浆泵、造孔设备、拔管机、供水泵、导流设备等组成，以柴油机为动力，最大造孔深度为 10 m。其主要用于为提高沙砾料渠堤或砌石防渗层的防渗效果而进行的灌浆，性能良好，操作方便。

这些工程机械设备的研制和应用对提高防渗工程质量、加快施工进度、降低工程造价和提高工程效益起到了良好的作用，使我国渠道防渗工程施工技术向机械化方向迈出了可喜的一步。

二、混凝土衬砌渠道防渗技术

混凝土衬砌渠道施工通常要求做到"平、直、顺、滑、实"，即通常要求的"五面六线",也就是渠底板面、两个斜坡面和两个渠口平面要求平滑、密实,两条底线、两条渠口线和两条外口线要求直顺。

(一)混凝土衬砌渠道的施工技术

混凝土衬砌渠道施工通常包括渠道放样、断面开挖、渠道衬砌施工、渠堤整修与渠道管理、施工质量检测等工序,具体如下。

1. 渠道放样

为了保证按照施工图纸将所设计的渠道科学、合理地放样到实际中,渠道施工前必须进行放样工作。渠道放样通常包括渠道中线放样、渠道外口线放样和施工高度放样等。其操作步骤如下。

(1) 放样数据计算。渠道放样通常按照一定里程放样出渠道中线对应的各个里程桩及加桩位置,因此,计算内容通常包括转折点平面位置、高程位置,中桩平面位置、高程位置,加桩平面位置、高程位置,并按照施工控制网点计算出放样数据。

(2) 渠道中线放样。渠道中线放样平面布置设计图纸的渠道为渠道中线,利用全站仪或经纬仪结合水准仪测设出渠道各个转折点及里程桩的位置。

(3) 渠道外口线放样。渠道外口线实际上是施工渠道横断面与地面的交线,通常用灰线在地面上表示。当渠道中线放样完成后,在合适位置首先放样出某一里程桩或几个里程桩的外口线位置,然后利用已经放样出的一定绳索或尺子拉紧后找到渠道与地面的交线,并撒上灰线表示外口线位置。

(4) 施工高度放样。各个里程桩的施工高度数据可以参照工程测量的内容确定。

2. 断面开挖

根据上述放样结果,每隔一定距离开挖一个标准断面,然后依据所开挖的标准断面以及"五面六线"开挖其他位置的断面。目前,断面开挖通常有人工开挖和机械开挖两种形式。现以 U 形渠道施工为例,介绍渠道挖方和填方断面开挖的过程。

(1) 挖方渠槽、填方基础渠槽和旧渠改建工程中将原渠槽填筑满时渠槽的开挖。

① 按设计平整好基面,定好渠线中心桩,测量高程、沿渠口尺寸,撒好两侧开挖灰线。

② 图 3-1 是 U 形渠槽的开挖方法。其他如梯形断面渠槽的开挖方法亦相同,即先粗略开挖至渠底,再将中心桩移至渠底,重新测量高程后,挖完剩下应该挖的土方。

③ 整修渠槽。将渠槽内的大土基本挖完后,每隔 10 m 按设计挖出标准断面,在两个标准断面之间拉紧横线,按横线从坡上至坡下边挖边刷坡,同时用断面样板逐段检查、反复修整,直至符合设计要求。

④ 上述为人工开挖的方法,有条件的亦可采用挖土机、U 形开渠机等机械开挖渠槽。但机械开挖以后,仍应辅以人工进行最后的检查及反复的修整工作。

(2) 半挖半填式渠槽的开挖。此种渠槽的开挖必须与填方施工结合进行,即开挖渠槽挖方部分的粗土(主要是渠槽中心部分的土,开挖时边坡及底部要按设计预留足够厚的土层),按前述填方填筑的方法,填筑渠道两岸的填方部分至设计高程。然后按前述方法整修

第一步　　　　　　　第二步　　　　　　　第三步

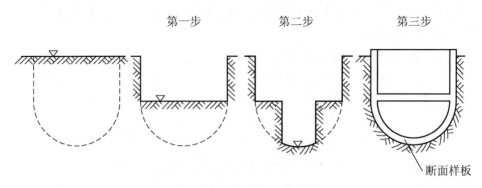

断面样板

图 3 – 1　U 形渠槽的开挖方法

渠槽（含填方及挖方部分），直到达到设计要求。

（3）旧土渠改建基槽的开挖。旧土渠改建防渗渠道时，采用局部填筑补齐法填筑的渠道基槽的开挖。该类填筑法填筑的基础，开挖时，仅开挖填筑时加宽 50 cm 的部分土体，然后按修整渠槽的方法修整渠槽，直至达到设计要求。

（4）石质基础渠槽的开挖。以上所述均是土质渠道基础的填筑与开挖。对于石质基础渠槽的开挖，一般多用人工。开挖时，宜采用小炮，以免造成渠基裂缝，甚至使渠基的稳定性降低。开挖好的渠槽亦应尺寸准确，满足设计要求。

3. 渠道衬砌施工

渠道衬砌施工是在上述工序完成后，利用一定方法，按照设计厚度将衬砌材料铺设于施工面上。按照施工方法，它通常分为现场浇筑法和预制施工法两种，其中现场浇筑法的施工过程如下。

（1）模板制作。现浇 U 形渠槽的模板，其结构如图 3 – 2 和图 3 – 3 所示。

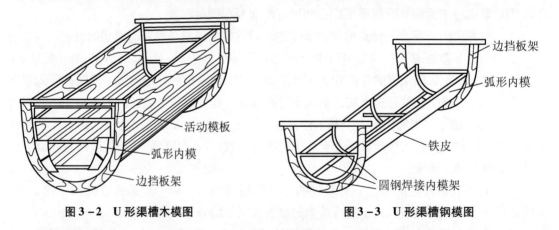

图 3 – 2　U 形渠槽木模图　　　　　　图 3 – 3　U 形渠槽钢模图

U 形渠槽的模板包括边挡板架、内模架、活动模板和缝子板四部分。

① 边挡板架。边挡板架是根据混凝土衬砌厚度，用木材制成的，或用角钢、槽钢弯焊

制成的。其内圈形状、尺寸与渠道过水断面相同,外圈与设计的土基完全吻合,其宽度为混凝土衬砌厚度,每套模板需要两个对称的边挡板架。

② 内模架。内模架用于支撑模板,浇筑反拱部分用的模板固定其上,固定的模板由 5 ~ 7 cm 宽的木板条(直径小、曲率大者木板条宽度小)制成,木板条比浇筑分块长 20 cm。内模架也可用圆钢焊成,外镶铁皮。底部 π/3 弧段内不用内模板。立模时,先将边挡板架固定在浇筑块的两端,再放入内模架。为方便捣固,内模架每层高度以 15 ~ 20 cm 为宜。

③ 活动模板。活动模板用于浇筑直线段的模板,每块宽度以 15 ~ 20 cm 为宜,活动模板比浇筑块长 20 cm 左右。安装时,光面紧贴边挡板架,内侧用撑杆对撑固定。

④ 缝子板。缝子板用于控制止水伸缩缝的形状和尺寸,一般为木制。模板尺寸因渠道大小的不同而不同。其允许偏差不得超过《水工混凝土施工规范》(DL/T 5144—2015)的规定,应做到稳定坚固、经济合理。

(2)钢筋加工。钢筋混凝土衬砌所用的钢筋应妥善保管,防止雨淋而生锈。钢筋和钢筋结构在运输过程中,应尽量避免发生变形。如发生变形,安装前应予以矫正。钢筋架设的位置、间距、保护层厚度及各部分钢筋尺寸应完全符合设计要求,并用预制垫块或小石块支垫牢固。所有钢筋,除特殊要求者外,应与主筋垂直,钢筋交叉点用 20 ~ 22 号铅丝扎结紧固。钢筋架设完毕后,应再次校正,做好记录。在混凝土浇灌中,应有专人随时检查,防止钢筋变形、错位。

(3)浇筑混凝土。

① 原材料选择。原材料包括水泥、沙料、碎石、水,其品质应符合现行的国家标准及有关部颁标准。

② 混凝土拌和。为确保质量,应采用搅拌机拌和,拌和物严格按照设计配合比进行配料,一般应以重量计,小型渠道也可将重量比换算为体积比。将水灰比、和易性、坍落度控制在合适范围内。

③ 混凝土运输。拌和好的混凝土要及时运输浇筑,运输过程中不能有泥浆及发生离析现象,否则浇筑前应进行人工二次拌和。混凝土入仓高度超过 2 m 时,需加滑槽或漏斗。

④ 混凝土浇筑。U 形渠道浇筑必须选择技术熟练的固定专业队施工。

采用 U 形渠道混凝土浇筑机施工时,U 形渠道混凝土浇筑机的行进速度要均匀,一般控制在 20 ~ 30 m/h。速度太快,则混凝土密实度不够;速度太慢,则易造成底部超厚和填料堆积。为防止 U 形渠道混凝土浇筑机左右摆动和底部波浪起伏,在牵引机处的渠中心,必须安装定滑轮固定钢丝绳位置。U 形渠道混凝土浇筑机衬砌时,在机体上安装水平尺或吊锤,随时查看机体的平稳程度,如发现问题,应及时纠正。U 形渠道混凝土浇筑机启动前,先将渠底部用混凝土料人工填衬到要求厚度,以便成型后断面一致。分管填料的人员必须保证料源充足,填料及时。捣料人员要确保下料正常,两翼板下不能出现缺料现象。

对大断面 U 形渠道进行衬砌时,可采用人工支模分层现浇的方法施工,但混凝土必须采用机械振捣。

U 形渠道应连续浇筑，不留或少留施工缝，如施工必须间断，间隔时间应尽量缩短，最长不得超过 3 h；凡超过 3 h 者，须按施工缝处理，一般用水泥素浆充填接茬面后，再继续浇筑。

收抹面工序要及时进行，间隔时间不得过长；对缺料、蜂窝麻面，应及时修补、抹光，达到设计断面要求。

止水伸缩缝间距应根据当地的地质条件和实践经验确定，不能过大或过小。根据各地区的经验，止水伸缩缝间距以控制在 4 m 为宜，且宜留成半缝（缝深占 U 形渠道壁厚的 1/3）。缝内填料时，首先要清除缝内杂物，用钢丝刷净缝壁和缝底，清除缝内尘渣后，方可认真填料、压实和抹光。填充材料一般采用沥青水泥砂浆、低标号水泥砂浆或木渣水泥等。

⑤ 混凝土养护。混凝土初凝后，必须及时洒水养护。可先用塑料布覆盖 2~3 d，然后分段堵渠蓄水养护，也可用湿土、湿沙、湿草帘等进行养护，还可采用化学养护剂养护。混凝土养护时间不得少于 14 d，有条件的地方可适当延长时间。

4. 渠堤整修与渠道管理

（1）U 形渠道浇筑完毕后，必须按渠道断面的设计尺寸进行渠道堤顶和外边坡的夯实整修，要求培土密实，棱角平直，坡面一致。渠道堤顶宽视渠道断面大小而定，一般 D 40 以下渠道堤顶宽不得小于 0.5 m，D50 以上渠道堤顶宽不得小于 0.8 m，D80 以上渠道堤顶宽不得小于 1.0 m。

（2）做好渠道的划界确权工作，明确渠道管理范围和保护范围，每隔 30~50 m 埋设一个界桩，渠道拐弯处亦需加设界桩。

（3）确定专人管护，明确责任，制定维修管理制度，严禁破渠扒口、乱堆乱扔杂物，定期维修、检查，确保渠道完整无损和正常通水运行。

5. 施工质量检测

每一道施工工序（包括隐蔽工程部位）都要经施工人员检查，之后应进行验收，验收合格后方可进行下一道工序。

填方渠道土的干容重必须达到 1.6 t/m³ 以上，现场可用击实器（验夯器）进行检验，达不到要求的部位应及时进行返工处理，直至合格。

土模成型后，应对渠底纵坡进行复测。对于纵坡坡度在 1/500 以内的渠段，高程误差为 ±0.7 cm；对于纵坡坡度为 1/2 000~1/500 的渠段，高程误差为 ±0.5 cm；对于纵坡坡度在 1/2 000 以上的渠段，高程误差为 ±0.3 cm。总之，不论坡降如何，都不允许相邻两点误差一正一负。达不到此标准的，两段均要返工，中心线每段（200 m 以上）的偏差不得超过 ±0.5 cm。

混凝土强度现场检验可用回弹仪进行，每 100 m 渠长抽测 30 个点，计算平均强度，实测强度低于设计强度 15% 的为不合格工程。

渠道断面尺寸的相对误差为 0.3 cm；渠底纵坡的相对误差不能大于 1 cm；渠道直线段 20 m 以内凹凸的相对误差不得大于 0.3 cm；全渠整段直线凹凸的相对误差不得大于 1 cm；

渠顶平面高低的相对误差不得大于 0.5 cm。严格把控施工质量，使其真正达到线直、面光、底平、棱角分明、美观大方。

（二）预制混凝土板衬砌技术

预制混凝土板衬砌技术是渠道防渗的主要技术和常用技术，包括以下内容。

1. 土模修整

按照设计要求，确定渠道土方，经粗挖精刷后形成标准土模。

2. 铺砌方法

土模做成后，把混凝土板直接铺设在作为标准的渠坡上，一般先砌边坡，后砌渠底，以减少施工中渠底被踩踏的可能；边坡混凝土板由坡脚向坡顶逐行铺砌，板与板之间要留 1.0～1.5 cm 的接合缝，以便勾缝。在渠坡采用预制板砌筑时，渠底现浇混凝土，渠坡不标准处用薄泥作为垫层。

3. 渠坡压顶封口

为了增加渠坡混凝土板的稳定性，防止地表径流注入混凝土板背面，减小内水压力，渠坡混凝土板顶端要做好压顶封口。

封口的盖板常采用现浇、预制等形式，宽多采用 20 cm 或 15 cm。施工中均宜采用"L"形盖板，盖板长多采用 82 cm 或 83 cm，板厚 5 cm，齿长 10 cm。其优点是平、直、顺、滑，向下入土基的齿能有效地防止地表径流的渗入，对渠坡混凝土板影响较小。其缺点是预制较平板困难，造价较高。

4. 做好勾缝

做好板与板之间的勾缝是提高防渗效果的关键。一般做法如下：勾缝前，用粗铝丝钩或小径钢筋钩、竹扫帚等清除缝隙内的沙、小石子、泥土、浆料等，用水冲洗缝表面，再用 150 号水泥砂浆勾缝，待初凝后加抹表面。勾缝面应与混凝土板面齐平，不勾凸缝，以免增大糙率。勾好缝后要洒水养护，防止砂浆早期干缩裂缝。

5. 冬季施工

现浇渠道防渗工程在室外连续 5 日平均气温在 5 ℃以下或最低气温在 −3 ℃以下施工时应进行必要的技术处理，必须保证拌制所需的原材料在拌制、制作及养护期内不结冰、不受冻；水泥应优先选用硅酸盐水泥，标号不得低于 425 号，用量不宜小于 300 kg/m³，水灰比不应大于 0.6。冬季施工常用的方法有保温法、加热法及在混凝土中加入适量早强剂等。

（三）渠道防渗工程止水伸缩缝设计与施工技术

1. 止水伸缩缝的设计

渠道混凝土、混凝土预制块、浆砌石作为防渗材料时，对止水伸缩缝的要求很高。止水伸缩缝设置得当时，既可起止水伸缩的作用，又能节约投资；反之，不但不能起止水伸缩的作用，反而会变为主要的渗漏通道和渠道破坏的起源，并浪费投资。因此，要对止水伸缩缝的缝距、缝宽、缝型、缝料等进行周密的设计。

（1）缝距设计。缝距设计需考虑衬砌材料的伸缩性、止水效果、投资三个因素。根据渠道的断面、衬砌形式、衬砌材料及厚度、预制块的尺寸、渠线的气候、施工条件等，参照一些已建工程成功的经验，止水伸缩缝只设横向缝，混凝土现浇及混凝土预制块衬砌的缝距为 4 m，浆砌石衬砌的缝距为 8 m。

（2）缝宽设计。缝宽设计要考虑两个因素：一是满足温度变化时止水伸缩缝不会被破坏，即温度升高时填料不会被挤出，温度下降时填料不会被拉断；二是适应施工要求，若缝太窄，则施工灌制困难，且不能满足设计要求；缝太宽，会造成投资浪费，效益不高。根据渠段的不同，结合施工难易，缝宽一般为 2～3 cm。

（3）缝型设计。缝型设计主要根据渠道的衬砌材料、缝内填料、断面形状与结构、所处部位进行。几种不同材料衬砌断面施工缝型设计如图 3-4 所示。

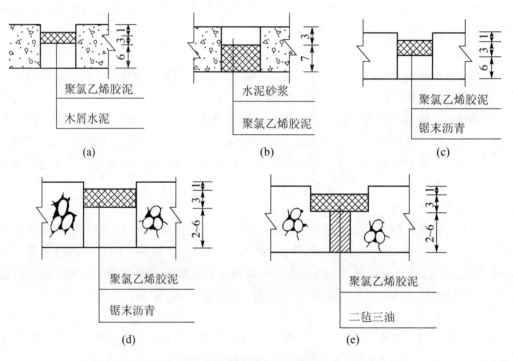

图 3-4　几种不同材料衬砌断面施工缝型设计（单位：cm）

（4）缝料设计。止水伸缩缝的填料要求具有高温时不流淌、低温时不拉裂、不透水性大、伸缩性及黏结力强等特性。设计时，一般采用两层材料组成的填料。

① 混凝土及混凝土预制块衬砌的渠道采用以下充填方式：图 3-4（a），下部为木屑水泥，表层为聚氯乙烯胶泥；图 3-4（b），表层为水泥砂浆，下层为聚氯乙烯胶泥；图 3-4（c），下层为锯末沥青，上置聚氯乙烯胶泥。

经综合比较，并结合已建工程成功的经验，多数工程设计采用图 3-4（c）的填料方式，即下层为 1:4 的锯末沥青，填料厚度为 6 cm，上层为 3 cm 厚的聚氯乙烯胶泥，预留 1 cm 不充填，以适应热胀冷缩现象。

② 浆砌石渠道止水伸缩缝的填料方式有两种：图3-4（d），下置锯末沥青，上置聚氯乙烯胶泥；图3-4（e），下置二毡三油，上置聚氯乙烯胶泥。

经试验比较后发现，图3-4（e）施工简单，线条平直，止水效果好，但投资略多。图3-4（d）投资较少，但施工难度较大，且止水效果较差。设计时，一般采用图3-4（e）的充填方式，即下置2~6cm厚的二毡三油，上置3cm厚的聚氯乙烯胶泥。

2. 止水伸缩缝的施工

（1）胶泥性能指标。目前常用于渠道工程的胶泥主要是聚氯乙烯胶泥防水油膏和焦油塑料防水油膏，其技术性能如表3-2和表3-3所示。

表3-2 聚氯乙烯胶泥防水油膏的技术性能

性 能 指 标	试 验 条 件	测 试 结 果
干燥性	温度（20±2）℃	表干2h
耐热度	80℃ 45° 5h	下滑小于4mm
挥发度	80℃ 5h	小于1.7%
低温柔性	25℃ 5h弯曲	涂膜状况正常
耐酸性	1%的硫酸溶液浸泡7d	涂膜状况正常
耐碱性	饱和氢氧化钙水溶液浸泡7d	涂膜状况正常
黏结性	十字叉法	2kg/cm²
透水性	静水压法	无渗水现象

表3-3 焦油塑料防水油膏的技术性能

性 能 指 标	标 准
耐热度	80℃时垂直下滑不多于4mm
延伸率	-25℃时不大于10%；20℃时不小于200%
柔性	-20℃时弯折30°不脆裂；20℃时弯曲360°不断裂
抗拉强度	-25℃时无标准；20℃时大于0.05MPa
黏结强度	20℃时大于0.1MPa
保油度	80℃时渗油幅度不大于2mm；80℃时渗油张数不多于3张
施工度	25℃时不小于22mm
挥发度	80℃恒温5h不大于4%

两种产品的性能均为炎夏不流淌、低温柔性好、黏结力强、弹塑性好、防水防渗性强、老化缓慢，并有一定的耐酸碱、耐油能力。

（2）施工工艺及方法。

① 对施工方法及材料堆放的要求。在施工过程中，要求其基础表面坚实、平整、干燥、干净，不允许在潮湿和有灰尘的基础上施工。锯末、沥青、胶泥等材料，应堆放在防水、干燥的地方。

② 锯末沥青的施工方法。锯末沥青的充填方法主要有两种：一种是先将止水伸缩缝内的泥土、杂物清除，将沥青放在锅中，用火加热至熔化，再加入锯末炒拌均匀（不可炒焦），然后将炒拌好的锯末沥青料充填在清理好的止水伸缩缝内压实，待灌注胶泥；另一种是用上述方法将锯末沥青炒拌均匀后，放入按照设计尺寸制作好的木板模具中，压实成条后，运至工地，直接压入缝内待用。

③ 覆膜保养的施工方法。目前，为了减少机械化施工完成后混凝土保养问题，大多采用上下覆膜保水措施。膜料一般为 0.008 ~ 0.010 mm 厚的塑料薄膜，下层薄膜采取与衬砌机同步自动铺设完成，上层薄膜在振捣和渠道内表面抹光（收面或砂浆抹面）完成时同步完成。

以上两种施工方法各有优缺点：前者可在现场直接操作，简单方便，但不能保证质量，材料浪费也很大；后者虽工序多，但质量可靠。

④ 胶泥的熬制及灌注方法。

a. 胶泥的熬制。施工时，应将胶泥切割成小块，放入干净的平底锅内，用文火加热，一边缓慢升温，一边搅拌，温度不得超过 130 ℃，最好控制在 110 ~ 120 ℃。要防止胶泥鼓泡，不冒浓烟（黄烟）。已熔化的胶泥不要全部舀出，一边取热料，一边加入新料，连续作业，温度在 60 ℃以上的胶泥均可使用。灌注前用 10 mm × 10 mm 的滤网进行过滤。

b. 胶泥的灌注方法。采用热灌法将熔化好的胶泥从渠道两侧自上而下灌注，用刮板刮平，如采用多层灌注，一旦发现胶泥中有鼓泡现象，应将气泡膜刺穿排气，再涂抹胶泥，补平后灌注。

三、砌石防渗技术

（一）砌石防渗的特点

按结构形式，砌石防渗可分为护面式和挡土墙式两种。按材料及砌筑方法，砌石防渗可分为干砌卵石防渗、干砌块石防渗、浆砌卵石防渗、浆砌料石防渗、浆砌块石防渗、浆砌石板防渗等多种。设计时，可根据防渗要求、料源情况、投资及施工技术条件等确定适宜的类型。

1. 砌石防渗的优点

砌石防渗的优点是能就地取材、抗冲流速较大、耐磨能力较强、抗冻和防冻害能力较强、防渗效果较好且具有较强的稳定渠道作用。

2. 砌石防渗的缺点

（1）砌石防渗不容易采用机械化施工，故施工质量较难控制。

（2）在目前的市场经济条件下，砌石防渗造价不一定低，应视条件采用。以往砌石防渗造价较低的原因主要是劳力多不计或少计报酬。而在目前的市场经济条件下，劳力必须计报酬，加之砌石防渗一般厚度大、方量多，故其造价往往高于采用混凝土等材料的防渗。因此，在石材料源丰富的地区是否采用砌石防渗，也应以防渗效果好、耐久性强和造价较低为原则，通过技术经济论证后确定。

（二）砌石防渗对原材料的质量要求

（1）石料应坚硬、无裂纹且洁净。

（2）料石应外形方正，六面平整，表面凸凹不大于 10 mm，厚度不小于 20 mm。

（3）块石应上下面大致平整，无尖角薄边，块重不小于 20 kg，厚度不小于 20 cm。

（4）卵石以矩形最好，其后依次为椭圆形、锥形，最后为扁平形。球形卵石不宜选用的原因有两个：一是运输不便，且不易砌紧；二是易受水流冲动。卵石的长径与防渗层厚度及料源情况有关，一般长径应大于 20 cm。

（5）石板应选用矩形，表面平整且厚度不小于 3 cm。

（三）砌石防渗的技术要求

（1）对于砌石防渗，主要依靠施工的高质量才能保证其防渗效果。干砌石防渗在竣工后未被水中泥沙淤填以前，如果砌筑质量不好，在水流的作用下，不仅防渗能力很差，而且会因局部石料的松动引起整体砌石层崩塌甚至溃散。因此，砌石防渗必须保证施工质量，确保其渗透系数不大于 10^{-6} cm/s。

（2）大中型砌石防渗渠道宜采用水泥砂浆、水泥石灰混合砂浆或细粒混凝土砌筑，用水泥砂浆勾缝。砌筑砂浆的抗压强度一般为 5.0～7.5 MPa，勾缝砂浆的抗压强度一般为 10～15 MPa。有抗冻要求的工程应采用较高强度的砂浆。

小型浆砌石防渗渠道有采用水泥黏土、石灰黏土混合砂浆，甚至黏土砂浆砌筑的，但勾缝必须采用较高强度的水泥砂浆。

（四）砌石防渗层的厚度及结构设计

1. 砌石防渗层的厚度

（1）挡土墙式防渗层的厚度。挡土墙式防渗层的厚度应根据实际需要设计。20 世纪 70 年代修建的山西省汾河一坝灌区东西干渠浆砌石挡土墙式防渗渠道的边坡系数为 0.3～0.5，顶宽 20～30 cm，边墙高 1.5～1.7 m，底宽 0.6～0.7 m，可供设计时参考。

（2）护面式防渗层的厚度。

① 浆砌料石防渗层的厚度宜为 15～25 cm。

② 浆砌块石防渗层的厚度宜为 20～30 cm。

③ 浆砌石板防渗层的厚度不宜小于 3 cm。

④ 浆砌卵石、干砌卵石挂淤防渗层的厚度应根据使用要求和当地的料源情况确定，一

般为 15 ~ 30 cm。

2. 砌石防渗层的结构

（1）提高防渗效果和防止渠基淘刷的措施：

① 对于干砌卵石防渗渠道，可在砌体下面设置沙砾石垫层或铺设复合土工膜料层。

② 在浆砌石板防渗层下，可铺一层厚 2 ~ 3 cm 的沙料或低标号砂浆作为垫层。

③ 对于防渗要求高的大中型渠道，可在砌石层下加铺黏土、三合土、塑性水泥土或塑膜垫层。

④ 对于已砌成的渠道，可采用人工或机械灌浆的办法处理，浆料有水泥浆、黏土浆或水泥黏土混合浆。

（2）沉降缝设计。护面式浆砌石防渗因砌筑缝很多，可以承受或者消除气温变化引起的胀缩变形，故一般不设置止水伸缩缝。但软基上挡土墙式浆砌石防渗体宜设沉降缝，缝距为 10 ~ 15 m。砌石防渗层与建筑物的连接处应按止水伸缩缝处理。

（五）干砌卵石防渗工程施工

1. 铺设垫层

首先，按设计要求分别过筛并备好合格的沙砾料；其次，在开挖好的渠道基槽上，分段先渠底后边坡铺设垫层。若边坡较陡，可边铺垫层边砌卵石，二者同时升高。

2. 砌卵石

干砌卵石渠道的成败，除其他影响因素外，关键在于砌筑质量。因此，砌筑时，要求砌紧靠实，砌平整，错开缝，断面整齐、稳固。为此，要做到如下几点。

（1）卵石长边要垂直渠底或渠坡砌筑，不能前俯后仰、左右倾斜。

（2）按整齐的梅花形砌筑，要求卵石六面紧靠，只准有三角缝，不准有四角眼（图 3 - 5），不能用"乱插花"和"鸡抱蛋"的方法砌筑（图 3 - 6）。

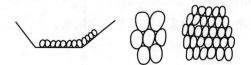

图 3 - 5　正确的砌卵石方法

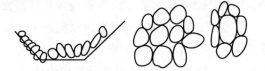

图 3 - 6　不正确的砌卵石方法

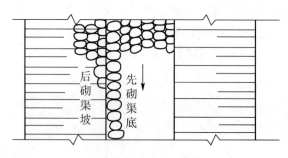

图 3 - 7　砌卵石的顺序

（3）卵石必须确实与垫层牢固接触，并随砌随用小沙砾石填实基础，不能脱空和松动。

（4）先砌渠底，后砌渠坡（图 3 - 7）。其优点是：

① 渠底（特别是弧形渠底）较渠坡容易被冲坏，先砌筑渠底便于优先选用质量高、尺寸大的卵石，把好料用在重要部位。

② 砌好的渠底可以作为砌坡的支撑面，使边坡容易砌牢固，同时在砌筑过程中，边坡的砌体对渠底又有挤压作用，使整个砌体更加稳固。

③ 底、坡连续砌筑易于衔接，交界处无明显的接缝。

④ 先砌好的渠底便于运输卵石，能减少施工干扰。

（5）砌好梯形渠道的坡脚，如图3-8所示。因坡脚容易冲毁，故最好选用较大的卵石砌筑。有的地区为了提高渠坡砌石的稳定性，在坡脚处修宽50 cm左右、深15～30 cm的干砌石基础。

（6）根据甘肃、新疆地区工程施工的经验，砌有大小头的锥形卵石时，小头朝上能砌得牢固；大头朝上砌筑，只要保证质量，也是可以的；大小头交错砌筑时，最好将大头朝上的卵石砌低2～3 cm，以免因受水流冲刷而拔出。

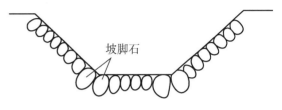

图3-8 坡脚石衬砌

（7）为了防止因局部冲毁引起大面积塌垮事故，应每隔一定距离（10～20 m）用较大的卵石干砌（或浆砌）一道隔墙。

3. 渠道各部位的具体砌法

（1）砌隔墙。隔墙分渠坡隔墙和渠底隔墙两种。渠坡隔墙应砌成平直形，渠底隔墙应砌成拱形（图3-9），拱顶迎着水流方向，以提高其抗冲强度。无论是渠底隔墙还是渠坡隔墙，都要垂直于渠床砌筑，砌筑深度的确定要考虑渠道可能的冲刷深度，否则，就起不到隔墙的作用。一般隔墙的深度为30～80 cm（为砌石厚度的1.5～2.0倍），隔墙的宽度为0.6～1.0 m。

（2）砌渠底。渠底有横砌（砌缝垂直于水流方向）及纵砌（砌缝平行于水流方向）两种砌法（图3-10）。根据实践经验，横砌法无顺水夹缝，基础难以淘刷，同时抗水流的阻力也较大，易于挂淤，故较好。砌筑的顺序是由下游逐渐向上游砌筑。砌筑时，同一排卵石的尺寸应一致。如尺寸不够一致，为使砌面平整，可将大石横砌侧卧，小石直砌。

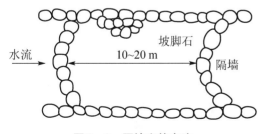

图3-9 隔墙砌筑方法

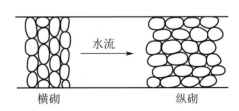

图3-10 渠底砌筑方法

对于弧形渠底，在修隔墙后，可隔一定距离设置弧形模板，用于控制渠道断面的形状。砌石时，从渠道下游向渠道上游、从渠道中心向渠道两边横向砌筑。

（3）砌渠坡。一般有分排及不分排两种砌法。分排砌法的优点是整齐好看，好施工，但此法有纵向通缝，卵石之间咬合不紧，一旦一个卵石松动，就会迅速波及其他卵石，故不如不分排砌法好。若砌筑原料全为长而扁的卵石，则长边垂直渠坡砌筑；若砌筑原料为不易衔接的卵石，则上下层向相反方向倾斜成人字形砌筑。

（4）灌缝与卡缝。干砌卵石工作完毕，经验收合格，即可进行灌缝和卡缝，使砌体更加密实和牢固。

① 灌缝。采用直径 10 mm 左右的钢钎，把根据孔隙大小选用的粒径 1～5 cm 的小砾石灌入砌体的缝内，灌至半满，但要灌实，防止小砾石卡在卵石之间。

② 卡缝。宜选用长条形和薄片形的卵石。在灌缝后，用木榔头将其轻轻打入（不能用力过猛，不能振松砌体）砌缝，要求卡缝石下部与灌缝石接触，三面紧靠卵石，同时较砌体卵石面低 1～2 cm。

（六）干砌块石防渗工程施工

干砌块石防渗工程的施工方法与干砌卵石防渗工程相似，但干砌块石的施工技术要求较高。若施工质量好，则干砌块石防渗工程较干砌卵石防渗工程坚固持久。为保证施工质量，施工时应做到以下几点。

（1）要根据块石的形状砌筑，相互咬紧，套铆，使块石靠实挤紧，不得有通缝。

（2）块石之间的缝隙要边砌边用小石块填实，缝隙的表层要用合适的小石块填塞，并用小锤敲击，使小石块楔进挤紧。

（3）为了减少糙率，砌体的面石应选用平整的较大的块石。

（4）干砌块石的衬砌厚度小于 20 cm 时（小型渠道），只能用一层块石砌筑，不能用两层薄块石堆垒，更不允许表面盖一层薄石，下面堆积很多小石块。如果所备块石很小，可以立砌，这样虽然加大了糙率，但衬砌坚固、不易破坏。如果衬砌厚度很大，在砌筑中，填腹石时要做到相互交错、衔接紧密，把缝隙填塞密实。

（5）砌渠底时，宜采用横砌法，将块石的长边垂直水流方向安砌，坡脚处应用大块石砌筑。块石也可以平行于水流方向铺砌，但为了增强抗冲能力，必须在衬砌 3 m 后，扁立竖砌 1～2 排，同时错缝填塞密实。在渠坡砌石的顶部，可平砌一层较大的压顶石。

（6）对因块石的棱角影响而砌筑突出的部分，要用铁锤、手钻修整，力求表面平整。

（七）浆砌石防渗工程施工

1. 砌石胶结材料的拌制

按选定并制备好的质量满足要求的原材料及根据设计标号确定的配合比，拌制砂浆或细粒混凝土。拌制时，若条件允许，最好采用砂浆或混凝土拌和机拌和，以保证浆料均匀。

2. 浆砌石前的准备

因石材不同，其砌法亦不同。不管采用哪种砌法，砌石前，为了控制好衬砌断面及渠道坡降，都要隔一段距离（直段 10～20 m，弯段可以更短一些）先砌筑一个标准断面，然后以此断面为准，拉线开始砌筑。砌筑时，为了避免人踩、石料砸碰砌体，以致影响砌筑质量，一般应先砌渠底，后砌渠坡。如无法做到这点，应采取保护措施，尽量减少外力对凝固前砌体的破坏。

3. 浆砌块石渠道的施工

（1）坐浆法。

① 在渠道基础上先铺好砂浆，其厚度为石料高度的 1/3 ~ 1/2，然后砌石。一般采用花砌法分层砌筑。砌筑时，先用面石定位，再填腹石；填腹石时，应根据块石的自然形状交错放置，尽量使块石之间缝隙最小，但不能没有缝隙，然后在缝隙中填砂浆至一半高度，再根据各个缝隙的大小和形状，填入合适的中小块石，用手锤轻轻敲击，使块石全部挤入缝隙的砂浆中，直至填满整个缝隙。

② 砌缝要密实紧凑，但应避免块石之间缝隙太小，影响砂浆进入。浆缝宽度一般为 1 ~ 3 cm。

③ 面石与腹石相互交错连接，上下两层石料亦应错缝，不能出现通天缝。

④ 用三合土（或三合泥）浆砌块石时，根据福建龙岩市的工程施工经验，在坐饱浆砌好石后，待稍干燥就用小木棍（或木棍头包稻草如锣锤状）锤打砌缝的浆料，使之与块石紧密结合。

⑤ 砌石时要做到稳、紧、满（浆料满实），表面平整，上下错缝，内外搭砌，避免通天缝等。砌筑渠坡时，相邻两个砌石段间应尽可能等高地进行施工，其高差最好不大于 1 m。

⑥ 砌好的石体，在砂浆初凝后，不得再有移动，不能锤击或冲击，也不能在上面拖拉重物，以免影响砌体的整体性和结构强度。若确有必要移动，则应轻轻垂直提起块石，清除旧砂浆，重新坐浆再砌。

⑦ 砌筑完毕后，在砌筑砂浆初凝前，应及时进行勾缝，最好是随砌随勾缝，以使砌筑砂浆与勾缝砂浆结合紧密，共同凝固和发挥作用。勾缝的形式有平缝、凹缝、凸缝三种。一般的砌石渠道防渗工程，为了减少糙率，多用平缝，有的也采用凹缝，不采用凸缝。勾缝工作一般应在剔好缝（剔缝深度不得小于 3 cm）并刷洗干净、没有污物浮土、保持湿润的情况下进行。勾缝时，所有砂浆都要符合设计要求，填塞要紧实，表面要反复抹压平整，使之与石体结合紧密。对凹缝的勾缝工作，尤应注意保证质量。

砌完石并勾完缝，开始凝结后，应及时清理现场，扫除残留的砂浆，做好养护工作，防止干裂。

（2）坐浆灌浆相结合法。

① 在渠道基础面上铺好厚为块石高度 1/5 ~ 1/4 的砂浆，安砌块石。其砌筑方法及质量要求与坐浆法基本相同。

② 应按水平方向逐层依次砌筑（仅指砌坡）。砌好一层后，应用合适尺寸的碎石填塞砌石体的孔隙，并用较黏稠的砂浆填实砌石的外露缝隙，以免灌浆时漏浆。

③ 用较稀的砂浆灌注砌石体的孔隙。要边灌边填塞小碎石，并仔细插捣，直至碎石填实、砂浆灌饱为止。不能有架空或砂浆未灌到的空洞。一旦发现空洞，应及时补灌。灌浆应

逐层进行，不能双层并灌。每层灌浆应从砌层的一头开始，循序向另一头发展。灌浆所用的砂浆应保持一定的强度、配比及稠度，不能任意加水。灌浆时，要边灌边搅拌砂浆，防止发生离析现象。

④ 砌筑边坡时，工段之间砌筑高度的差距不得大于一层的高度。

⑤ 每次休工前，应将最后砌层的灌浆、填石等工序完成，才能中断砌筑。下次继续施工时，应先清除砌体上的污物，并用水润湿，然后铺砂浆，继续砌筑。

⑥ 勾缝及养护工作与坐浆法相同。

4. 浆砌料石渠道的施工

浆砌料石渠道多为矩形断面，一般渠坡采用平行水流方向的纵砌法施工，也有个别渠道采用横砌法及人字形的斜砌法，而渠底多采用横砌法。

（1）料石要求浆坐饱，表面平整，错缝砌，砌缝要求均匀、紧凑，一般缝宽 1~3 cm。

（2）料石应规则平整，若个别料石厚度不够，则需在四角先垫合适的片石，再放置料石，看其是否与砌石面齐平，如已齐平，则取下料石，铺盖砂浆，正式进行砌筑。砌筑中，可用铁锤轻击已砌料石顶面，检查砌体是否有洞。如砌体有洞，应衬填砂浆，直至密实。

（3）勾缝及养护工作与坐浆法相同。

5. 浆砌卵石渠道的施工

浆砌卵石的砌筑方法及质量要求和浆砌块石基本相同。但甘肃、新疆、贵州等省（自治区）为了提高浆砌卵石渠道的防渗抗冲能力，多采用坐浆干靠挤浆法、干砌灌浆法及干砌灌细粒混凝土法，而不采用宽缝坐浆砌卵石法。这是由于采用此种砌法时，卵石互相不紧靠，虽有砂浆凝固连接，但强度较低，一旦被水流冲坏，将引起整个卵石砌体的破坏。

（1）坐浆干靠挤浆法。先铺厚 3~5 cm 的砂浆，然后按干砌卵石的施工方法砌卵石，使卵石互相紧靠，下端嵌入砂浆内，较长的卵石嵌得深一些，以期砌石面平整。底部的石缝随砌随用砂浆填实并挤紧，将砂浆挤出，沿缝隙压实。若进行勾缝，则砂浆面应低于卵石面 2~3 cm。砌筑时，砂浆摊铺面不宜过大，应与砌筑速度互相配合，以免砂浆初凝。

（2）干砌灌浆法。先按干砌卵石的施工方法砌好，然后向砌缝中灌注砂浆。灌注砂浆时要用小铁铲或专门的半圆形小槽逐缝喂灌，并用铁钎细心插捣，直至灌满为止。较大的三角缝宜应用细长的卵石填塞，使其密实。砂浆一般灌至卵石与卵石接触点的中部即可，不可太多，也不需要专门进行勾缝，只需要略加整平即可。

（3）干砌灌细粒混凝土法。干砌卵石完成以后，即可灌细粒混凝土。灌缝可采用人工灌缝法及机械振捣灌缝法两种。机械振捣灌缝法较人工灌缝法可节约劳力 55%，提高工效 1.25 倍，同时可以保证灌缝的质量，提高防渗效果。

机械振捣灌缝法：先在砌好的卵石表面铺设厚 3~5 cm 的细粒混凝土，再将平面振动器置于其上，徐徐振动，使混凝土灌入卵石的缝隙，应随振随加，保证灌注密实。渠道边坡部分的灌注施工比较困难，因此，必须由坡下向坡上边振动边补料浆，细心灌注，直至密实为止。另外，细粒混凝土原材料的质量、配合比及和易性等，在施工中应严格控制。

上述三种浆砌卵石方法的养护工作应按照坐浆法砌块石的规定进行。其中坐浆干靠挤浆法每平方米需水泥 18～36 kg，较干砌卵石每平方米需增加劳力 0.1～0.2 d。干砌灌浆法每平方米需水泥 15～25 kg。干砌灌浆法的水泥用量最少。干砌灌细粒混凝土法虽较干砌灌浆法的水泥用量多，但较坐浆干靠挤浆法的水泥用量少 1/4 左右而且质量好，耐磨损，故应用较多。

6. 浆砌石板渠道的施工

（1）将制备好的石板直接砌筑在修整好的渠床上。在渠床不够平整、石板与渠床接触不密实的地方，灌入干燥的沙，使其密实。或在砌前的渠床表面铺一层泥浆或草泥，再将石板砌于其上，并密实接触。石板与石板之间的接缝用水泥砂浆填实，并用较高强度的砂浆细心勾缝，砌缝宽度为 2 cm 左右。同时像其他砌石施工一样，必须做好养护工作。

（2）在有冻害地区的土基上修筑浆砌石板渠道时，因石板很薄，最好铺设沙砾石垫层，防止冻胀破坏。

四、聚苯乙烯保温板的防冻胀技术

我国北方灌区地处季节冻土区，且在冻结范围内地表基土的冻胀敏感性较强，加上秋冬灌（储水灌溉）的影响，灌区水工建筑物冻胀破坏现象比较严重。我国甘肃、山东、山西、宁夏、内蒙古和新疆等地采用聚苯乙烯保温板已经成功解决了渠道冻胀问题，这对节水工程效益的正常发挥及水利建设的可持续发展具有十分重要的意义。

（一）聚苯乙烯保温板的优缺点

聚苯乙烯保温板（俗称苯板、保温板、泡沫板）的优点：抗冻效果好、强度高、自重轻、施工方便、可以不进行基土换填等。

聚苯乙烯保温板的缺点：在一定条件下，同基土换填相比，聚苯乙烯保温板的造价较高。当基土换填材料运距小于一定值时，其造价明显高于基土换填。

表 3-4 为聚苯乙烯保温板物理力学性能。

表 3-4　聚苯乙烯保温板物理力学性能

项　目	密　度 /(kg/m³)	吸水率	压缩 10% 的压缩强度/MPa	弯曲变形 /mm	70 ℃ 48 h 后尺寸变化率	导热系数 /[W/(m·K)]
规范指标	<25	≤4%	≥0.1	≥20	≤5%	≤0.041

（二）聚苯乙烯保温板的设计

聚苯乙烯保温板的设计主要是确定厚度和密度。聚苯乙烯保温板的密度一般不小于 10 kg/m³。聚苯乙烯保温板的设计厚度，可根据基土土质、基土温度、含水量、渠道走向、设计冻深或冻结指数，通过热工计算加以确定。这些影响因素极为复杂，又互相影响，如气温相同，含水量越大，冻深越大，导致设计冻深越大。对于中小型渠道，聚苯乙烯保温板的厚度可按设计置换深度的 1/15～1/10 取用。冻胀量大的部位取大值。

（三）聚苯乙烯保温板的铺设

聚苯乙烯保温板铺设之前，要对渠床按照设计的形状和尺寸进行整理。聚苯乙烯保温板的铺设有两种形式：一种是直接铺设，即基土＋聚苯乙烯保温板＋混凝土预制板；另一种是基土＋聚苯乙烯保温板＋0.3 mm 聚乙烯膜＋2 cm 砂浆垫层＋5 cm 混凝土预制板（图3-11）。显然，后者造价高。

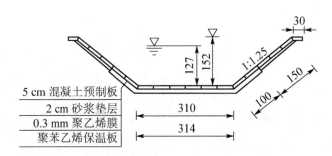

图3-11 衬砌渠道聚苯乙烯保温板铺设断面图（单位：cm）

五、其他防渗技术

我国渠道采用土工膜防渗最早始于20世纪60年代山东打渔张引黄灌区渠道和河南人民胜利渠，以及20世纪80年代的引黄济青渠道，其采用的土工膜厚度基本在0.15~0.2 mm。《渠道防渗工程技术规范》（GB/T 50600—2010）规定，渠道土工膜厚度为0.18~0.22 mm，对于小型渠道厚度可适当减小，但不得小于0.12 mm。国外渠道的土工膜大部分比我国的厚，如美国的渠道从耐久性考虑，土工膜厚度都在0.5 mm以上，伊拉克的基尔库克和达库克引底格里斯河水的渠道用2 mm厚的土工膜。近年来，我国已将土工膜广泛应用于渠道、水库、隧洞，各地已取得很多经验。

从水力学角度考虑，一般渠道防渗土工膜厚0.2 mm已能满足要求。土工膜的垫层宜用细土或中细沙，不得采用带棱角的小石块。

（1）流量不大、不用混凝土护面的支渠、斗渠，可用0.2 mm厚的土工膜。

（2）对于使用混凝土或其他护面的渠道，从土工膜的耐久性、焊缝质量的可靠性、减少被刺破的可能性考虑，土工膜厚度在0.3 mm以上为宜。

（3）对于灌溉面积在667 hm² 以上，向城市或重要工业基地供水，以及跨流域远距离引水的渠道，土工膜厚度宜在0.5 mm以上，最好使用复合土工膜。

第二节 管道输水技术

随着塑料工业的发展和施工技术的进步，灌溉管道系统得到快速发展。近年来，我国地面灌溉开始大量采用管道输水。管道输水成为代替田间渠道输水的一种工程形式。它通过管道系统直接把水送入田间斗分渠或配水管道系统。

一、概述

（一）定义

管道输水就是利用管道将灌溉水送至田间。管道输水灌溉工程通常分为输水管道与配水管道。输水管道通常由干管、分干管两级组成，主要完成水流输送任务；配水管道为系统支管，通常通过管道和给水栓将灌溉水分配到田间。

（二）概况

几千年来，农田灌溉都是采用渠道（明渠）来输水和配水的，形成了灌溉渠道系统，这种系统主要适合于地面灌水方法（沟灌、畦灌和淹灌等）。19世纪以来，随着喷灌、滴灌、微喷灌等新灌水方法的出现，古老的灌溉渠道系统已无法满足需要。人口的膨胀、工业的发展，要求更充分地利用现有农田和减少渠道的渗漏损失。近年来我国地面灌溉也广泛采用管道输水，形成管道输水地面灌溉系统。加上农业机械化的发展，人们越来越多地采用管道完成输水和配水，以节省耕地、便利机耕。

（三）特点

管道输水系统与渠道输水系统相比，有以下几方面的优点。

1. 节水

管道输水系统利用管网输水，在工程完好的情况下，可以基本上没有输水损失（渗漏损失和蒸发损失），管网输水一般可比明渠输水节水30%～50%；提高灌溉水利用系数，同时可以避免因渠道浸水渗水而引起的盐渍化和冷浸田等问题。

2. 节地

由于输配水部分（管网）大部分或全部埋在地下，一般可以少占地7%～13%，提高了土地利用率，并减少了对交通和耕作的影响。

3. 输水速度快、效率高

利用管网输水，水流速度快、利用率高，同时提高了灌水劳动生产率，减少了用工。

4. 便于实现自动化

管道不但可以输送无压水，还可以输送有压水，即不仅可以适应地面灌水方法的需要，还能满足喷灌、滴灌、微喷灌等有压灌水方法的要求（视管道能够承受的压力而定）。管道输水系统使用方便，易于控制，有利于实现自动化。

5. 安全、经济、实用

管道输水系统规划设计的原则是，以对现有条件的充分了解为基础，将各种管道设施与其他有关水利设施连接起来，使其成为一个有机的整体。管道内水流常常为连续有压水流，可以有效减少跨越建筑物数量和降低施工难度。管道不一定要布置在最高处，可以在下坡布置，也可以在上坡布置，在地形复杂的情况下工程量少。

管道输水系统的主要缺点：

（1）建筑物类型比较多，需要的材料和设备较多，因此其单位投资相对较高；

（2）规划设计内容比较复杂，施工期较长；

（3）对水源的水质要求较高。

二、组成与类型

（一）组成

管道输水系统是从水源取水后，用有压管网将水输送到配水系统的工程。它一般由水源工程、首部枢纽、输水管网、附件（安全阀、排气阀）和田间灌水设施等组成。

输水管网是由管道、管件及附属管道装置连接成的输水通道，通常由干管和分干管组成。当输水管网控制面积较大时，可在干管的上一级设置主管（或称总干管），也可在干管的下一级设置分干管。对于大中型灌区的输水管网，输水管道主要指主管；输水管网无主管时，干管的上游一般起输水作用，下游则设置支管，起配水作用，配水管网主要是支管。在灌溉面积较小的灌区，一般只用单机泵、单级管道进行输水和灌水。

与明渠输水系统相比，管道输水系统更应注意水质，水中不得含有大量污物、杂草和泥沙等易堵塞管网的物质，否则应进行拦污、沉淀甚至实施净化处理后方可引取。引取水枢纽的形式主要取决于水源种类，其作用是从水源取水并进行处理，以符合管网与灌溉在水量、水质和水压三方面的要求。管道输水系统中的水必须具有一定的压力，一般需采用水泵机组加压，通常可以根据用水量和扬程，选用适宜的水泵类型、型号及与其配套的动力机（电动机、柴油机等）。在可利用自然地形落差的地方，应尽量发展自压式管道输水系统，以节省投资。为使灌溉水质符合输配水与灌水的要求，一般需设置拦污栅、沉淀池等装置，以去除灌溉水中的固体杂质和漂浮物。

由于管道输水系统一般有 1~3 级地埋固定管道，因此必须设置各种类型的建筑物或装置。依建筑物或装置在低压管道系统中所发挥的作用不同，可把它们分为以下 8 种类型。

（1）引取水枢纽建筑物。如进水闸门或闸阀、拦污栅、沉淀池或其他净化处理建筑物等。

（2）分水配水建筑物。如干管向支管、支管向农管分配水用的闸门或闸阀。

（3）控制建筑物。如各级管道上为控制水位或流量所设置的闸门或阀门。

（4）量测建筑物。如测量管道流量和水量的装置或水表、测量水压的压力表等。

（5）保护装置。为防止管道因发生水击或水压过高或产生负压等而变形、弯曲、破裂、吸扁，以及为管道开始进水时向外排气、泄水时向内补气等，通常需在管道首部或管道适当位置设置通气孔、进排气阀、减压装置、安全阀等，主要目的是实现管内水流为连续流。

（6）泄（退）水建筑物。即为防止管道在冬季被冻裂或应急抢修，而在冬季土壤冻结前或维修前将管道内余水退净泄空所设置的闸门或阀门。

（7）交叉建筑物。管道若与路、渠、沟等建筑物相交叉，则需设置虹吸管、倒虹吸管或有压涵管等建筑物。

（8）管道附件及连通建筑物。管道附件主要采用三通、四通、变径接头、同径接头等。

连通建筑物如为连通管道所需设置的井式建筑物等。

（二）类型

管道输水系统类型众多、特点各异，一般可进行如下分类。

1. 按获得压力的来源分类

（1）机压式系统：当水源的水面高程低于灌区的地面高程，或虽略高一些但不足以提供灌区管网配水和田间灌水所需的压力时，要利用水泵机组加压。在其他条件相同的情况下，这类系统因需消耗能量，管理费用较高。

（2）自压式系统：水源的水面高程高于灌区的地面高程，管网配水和田间灌水所需的压力完全依靠地形落差所提供的自然水头得到。这类系统不用油、不用电、不用机、不用泵，故可降低工程投资。在有地形条件可利用的地方均应首先考虑采用自压式系统。

（3）机压提水自压系统：水源的水面高程较低，电力供应与作物需水时间不一致，或水源来水与作物需水时间不能统一时，为了避开用电高峰期，需要集蓄水量，故常在灌区的上部修建蓄水池。用电低谷或下部水源有水时，用水泵将水提至蓄水池内集蓄。作物灌溉时，利用上部蓄水池中的水进行自压输水。这种系统称为机压提水自压系统，适用于缺水或电力紧张的山丘区输水。

2. 按系统可移动程度分类

（1）固定式系统：机泵、管道及分水口都是固定的。该系统将水从水源通过输水管网输送至配水管网（或进入田间节水灌溉系统）。此类系统造价较高，须统一管理，集约化经营区成本较低，效率高，目前发展较快。

（2）移动式系统：机泵和输水管道均是移动的。该系统适合小水源、小机组、小管径和分散经营模式的塑料软管灌溉，工作压力一般为 0.02 ~ 0.10 MPa，长度约为 200 m。软管与水泵的出水口相连，沿作物的种植方向铺开。当出水量大于 50 m^3/h 时，可用二级软管配套。它具有设备利用率高、单位面积投资低、效益较高、适应性较强、使用方便的特点；但劳动强度大、使用寿命短，若管理运用不当，设备易损坏，且种植高秆作物后期软管进地有困难。

（3）半固定式系统：移动式系统和固定式系统相结合的复合式系统。其水泵、地下管道和给水栓都是固定的，地面灌水管和附件是移动的，固定管道的工作压力为 0.005 ~ 0.01 MPa。它兼有以上两种类型的优点，且配套合理、运行方便、造价低廉，是一种较好的系统类型，符合我国国情，宜于推广应用。

3. 按管网布置形式分类

（1）环状管网：某一级管道形成环状，如图 3 - 12 所示，这样可以使管网压力分布均匀，保证率较高，在部分环状管道损坏时，管网仍可正常供水。但一般情况下这种布置形式会增加管道的总长度而使投资增加。

（2）树枝状管网：管网逐级向下输配水，类似树枝的形状，如图 3 - 13 所示。在树枝状管网中，若上一级管道损坏，则所有下级管道都无法供水。但这种管网的管道总长度一般较短,因此目前大多数管道输水系统采用这种形式。

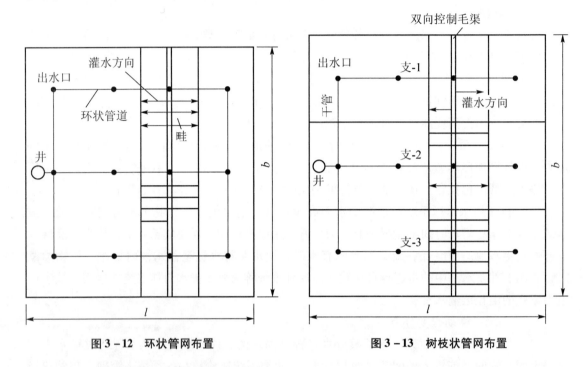

图 3-12　环状管网布置　　　　　　　　图 3-13　树枝状管网布置

三、管道输水系统建筑物的布设

在小水源,若采用移动软管式管道输水系统,一般只有 1~2 级地面移动软管,无须布设建筑物,只要配备相应的管件即可;若采用半固定式管道输水系统,只需布设一级地埋暗管即可。而在渠灌区,通常需布设 2~3 级输水管道,故必须设置各种类型的附属建筑物。

1. 引取水枢纽的布设

渠灌区的管道输水系统大部分从支渠、斗渠或农渠上引水。其渠、管的连接方式和各种设施的布置均取决于地形条件、水流特性(如水头、流量、含沙量等)及水质情况。通常情况下,管道与明渠的连接需设置进水闸门,其后应布设沉淀池和稳流建筑物,闸门进口需安装拦污栅,并应在适当位置设置量水设备。

2. 控制和泄水建筑物的布设

在各级地埋暗管首、尾和管道内水压、流量控制处均应布设闸板或闸阀,以利分水、配水、泄水及控制调节管内的水压或流量。若采用自来水管网中的闸阀,造价过高,连接安装麻烦;最好采用闸板形式,其起闭灵活方便,造价低,装配容易。

3. 量测建筑物的布设

管道输水系统中,通常采用压力表测量管内的水压。压力表精度一般选用 1.0 级。压力表安装在各级管道首部进水口后为宜。

4. 管道安全保护装置的布设

为防止因管道进气、排气不及时，或操作运用不当，或井灌区泵不按规程操作，或突然停电而发生事故，甚至使管道破裂，必须在管道上设置安全保护装置。目前在管道输水系统中使用的安全保护装置主要有球阀型进排气装置、平板型进排气装置、单流门直排气阀、安全阀和缓闭止回阀五种。它们一般应装设在管道首部或管线较高处。

5. 镇墩与支墩的布设

当管道受到较大的水平力时应设置镇墩。例如，管坡较大时，管道自重和管内水重就会在管道轴线方向形成分力而使管道向下坡滑动，这时每隔一定的距离就要设置一个镇墩。另外，当管道改变方向时，管内水流对管道会产生一个侧向推力，在管道末端会产生一个轴向水平推力，故在这些地方也应设置镇墩。镇墩的大小要根据水平推力的大小和土壤的摩擦力大小来设计。镇墩一般用块石混凝土或混凝土建造，较大的镇墩还应布置必要的构造钢筋。

支墩是用来支承水管、传递垂直压力的。一般只在土质较差或建筑物需要支承时选用。对于管径较小（小于 300 mm）且土质较好的平直地埋管道可不设置支墩，而将管道直接置于沟底部，然后覆土。

四、施工

管道输水系统深受广大群众的欢迎，已形成一套完整的施工技术，现介绍如下。

（一）管沟开挖

1. 放线测量

用经纬仪定出中心线，打下中心桩，根据开挖宽度，用白灰画出开挖界线，并标出分水位置。

2. 沟槽开挖

沟槽断面为矩形或梯形。管沟宽度以人在沟内便于安装为准。基础土壤疏松或湿陷性黄土区必须进行夯实和处理。沟槽要求平、顺、直。

（二）首部安装

首先量出所要安装钢管与管道的长度，然后进行加工，把压力表和进排气阀焊到钢管上，再将钢管与水泵和管道弯头连接。首部钢管与管道的连接一般用塑料弯头即可，因为抽水时弯头处的冲击力较大，很易造成弯头处位移，所以弯头处必须用混凝土镇墩或支墩固定。

（三）管道的安装

管道的安装从进水端开始，按顺序进行。等径管道的安装按照管道连接方式的不同而不同，直连式管道通常采用承插口与直口清洗打毛抹胶后直插；热熔式直插管道采用加热软化一端再承插安装法，加热端对着进水方向，以形成良好的水流条件；可用介质油加热或喷灯烧烤等。R 扩口管道需要用专用紧管器在管道清理和垫圈安置基础上安装完成。

（四）管件的安装

管道工程中管件主要为三通、弯头、旁通、马鞍和法兰。管件在安装过程中，除应满足黏结强度要求外，还应考虑保护问题。

（五）附属工程施工

管道工程中附属工程主要有阀门井、退水井等。下面以退水井为例说明施工步骤。退水井一般设在管道输水系统的尾部或低洼处，在管沟挖出后，尾部地块如果渗水性好，退水井挖深到管底1.2 m左右即可。如管尾处土壤渗水性差，则退水井要挖到管底2 m左右。然后用砖从退水井的底部砌到地面以上30～40 cm。在砌退水井的同时，把退水管砌到退水井墙内，退水管与管道连接处仍用混凝土固定。退水井的上口用混凝土盖板盖上。

（六）试水

试水前一般先进行充气打压试验。通水前要先检查管道各个接口处有无松动，闸阀是否开启，退水阀是否关闭，管道是否部分回填土。在全面检查没有问题后，打开管道输水系统各支管尾端的给水栓，开井排气通水，一般试水运行时间要求在1 h以上。在试水过程中，要从系统首都沿管线做全面检查，若检查无问题，则试水完成。试水压力和其他要求按照相关规范完成。

（七）管沟回填

试水结束后要尽快回填管沟。回填时要分层回填，除管道接触层外，其他每层填土30～40 cm。回填土中的砖石块或其他具有锋利棱角的物体不能接触管道，以免损坏管道。回填土要密实（可采用水浸密实法）。回填完毕，要进行进出水处建筑物的处理。最后编写竣工报告，待有关部门验收后，可交付生产单位使用。

第三节　输水工程设计

一、管道输水工程设计示例

管道输水系统规划布置的基本任务：在勘测和收集并综合分析规划基本资料及掌握规划区基本情况和特点的基础上，研究规划发展管道输水系统的必要性和可行性，确定规划原则和主要内容。通过技术论证和水力计算，确定管道输水系统的工程规模和系统控制范围；选定最佳管道输水系统规划布置方案；进行投资预算与效益分析，以彻底改变当地农业生产条件，建设高产稳产、优质高效农田及适应农业现代化的要求。因此，管道输水系统规划与其他灌溉系统规划一样，是农田灌溉工程的重要工作，必须予以重视，并认真做好。

（一）首部枢纽

管道输水系统的水源选择及其引取水枢纽工程布置基本上与灌溉渠道系统相似。渠灌区的管道输水系统大都从支、斗渠或农渠引水。其渠、管的连接方式和各种设施的布置均取决于地形条件和水流特性（如水头、流量、含沙量等）以及水质情况。通常管道与明渠的连接均需设置进水闸门，其后应布设沉淀池，闸门进口尚需安装拦污栅，并应在适当位置设置量水设备。井灌区管道输水系统的水源与引取水枢纽通常与首部枢纽组合在一起，形成一个统一的枢纽。

首部枢纽位置的确定，要考虑水源的位置和方便管网布置。当以井作为水源，而且井的位置可以任意选择时，最好把井和首部枢纽一起布置在地块的中心，这样到灌区最远处的水头损失小，运行费用低，便于管理。当水源在灌区之外时，根据水流条件和压力条件，在保证经远距离输送后无二次污染问题、方便管理和便于利用地形落差的情况下，以系统综合运行成本最低为选择原则。

（二）管道输水系统的规划布置

1. 原则

（1）管道输水系统应与水源、道路、林带、供电线路、排水、农业生产现状、经济条件等紧密结合，统筹安排，并尽量充分利用当地已有的水利设施及其他工程设施。管网布置力求管线长度短或管网系统投资少，安全，控制面积大，管线平顺、拐弯和起伏少且水流条件好，尽量避免逆坡布置。支管分水口或出水口的间距与位置应便于管理。

（2）应综合考虑管道输水系统各组成部分的设置及衔接。在平原地区且灌溉规模较大时宜采用环状管网或树枝状管网，其各级管道应尽量采取两侧分水的布置形式；在山地丘陵区宜采用树枝状管网，其主要管道应尽量沿山脊布置，以减少管道起伏。地形复杂需要改变管道采用纵坡布置时，管道最大纵坡不宜超过 1∶1.5，而且应小于或等于土壤的内摩擦角，并在其拐弯处或直管段超过 30 m 时设置镇墩。固定管道的转弯角度应大于 90°，埋设深度一般在冻土层深度以下。

（3）在山地丘陵区大中型自流灌区和抽水灌区内部，以及一切有可能利用地形坡度提供自然水头的地方，只要在最末级管道最不利出水口处有 0.3～0.5 m 的压力水头，应首先考虑布设自压式低压管道输水系统。对于地埋暗管，沿管线具有 5/1 000 左右的地形坡度，就可满足自压式管道输水系统输水压力能坡线的要求。

（4）对于小水源如单井、群井及小型抽水灌区，应布设全移动式低压管道输水系统。群井联用的井灌区、大的抽水灌区及自流灌区宜布置固定式管道输水系统。

（5）输配水管网的进口设计流量和设计压力，应根据管道输水系统所需的设计流量和大多数配水管道进口所需的设计压力确定。当局部地区供水压力不足，而提高全系统工作压力又不经济时，应采取措施。若部分地区供水压力过高，可结合地形条件和供水压力要求，设置压力分区，采取减压措施，或采用不同等级的管材和不同压力要求的灌水方法，布置成不同的输水系统。在进行各级管道水力计算时，应同时验算各级管道产生水锤的可能性及水锤压力，以便采取水锤防护措施。特别是在管道纵向拐弯处，应检验是否会产生负水锤中空现象，并依此条件，在管道工作压力中预留 2～3 m 水头的余压。

（6）田间给水栓或出水口的间距应依据现行农村生产管理体制和园田化规划确定，以方便管理和实行轮灌，田间末级暗管和地面移动软管的布置方向应与作物种植方向或耕作方向及地形坡度相适应，一般应取平行方向布置。

（7）管道输水系统应有利于管理运用，方便检查和维修，保证输水、配水和灌水的安全可靠。输配水地埋固定管道应尽可能布置在坚实的地基上，尽量避开填方区及可能发生滑坡或受山洪威胁的地带。若管道因地形条件限制，必须铺设在松软的地基上或有可能发生不均匀沉陷的地段，则应对管道地基进行处理。

（8）应尽可能发挥输配水管网综合利用的功能，把农田灌溉与农村供水及水产、环境美化等相结合，使输配水管网的效益达到最高。

（9）输配水管网各级管道进口必须设置节制阀。分水口较多的输配水管网，每隔 3～5个分水口应设置一个节制阀。在管道最低处应设置退水泄水阀，各用水单位都应安设独立的配水口和闸阀，并应装设压力和流量的计量装置。在水泵出口闸阀的下游、压力池放水阀的下游及可能产生水锤负压或水柱分离的管道处，应安装进气阀；在管道的驼峰处或管道最高处应安装排气阀；在水泵逆止阀的下游或闸阀的上游管道处应安装防止水锤的防护装置。

2. 布置类型与形式

根据水源位置、控制范围、地形条件、田块形状和作物种植情况等，低压管道系统输配水管网可布置成树枝状、环状和混合状三种类型；依其结构可分为地埋固定式和地面移动式两种类型。

（1）地埋暗管固定管网的布置形式。

① 树枝状管网。其特点是管线总长度较短、构造简单、投资较低，所以目前大多数农田灌溉输配水管网均采用这种形式。但管网内的压力不均匀，各条管道间的水量不能相互调剂，任一级管线损坏时，其以下管线就会断水而得不到可靠的供水。其布置形式可分为两种。

第一种布置形式：水源位于田块一侧，树枝状管网呈"一"字形、"T"形和"L"形。这三种布置形式主要适用于控制面积较小的井灌区。一般井的出水量为 20～40 m^3/h，控制面积为 3.3～6.7 hm^2。

田块的长宽比（l/b）不大于 3 时，多用地面移动软管输灌水，管径大致为 100 mm，长度不超过 400 m。

当控制面积较大，地块近似长方形，作物种植方向与灌水方向相同或不相同时，可布置成梳齿形或"丰"字形。对于井灌区，这两种布置形式主要适用于井的出水量为 60～100 m^3/h，控制面积为 10～20 hm^2，田块的长宽比约为 1 的情况。常采用一级地埋暗管输水和一级地面移动软管输灌水。地埋暗管多采用硬塑料管、内光外波纹塑料管和当地材料管，管径为 100～200 mm，管长依需要而定，一般输水距离不超过 1 000 m。地面移动软管主要使用薄膜塑料软管和涂塑布管，管径为 50～100 mm，长度一般不超过灌水畦、沟长度。

第二种布置形式：水源位于田块中心，常采用"工"字形和长"一"字形树枝状管网，主要适用于井灌区。井的出水量为 40～60 m^3/h，控制面积为 6.7～10.0 hm^2。田块的长宽比≤2 时，采用"工"字形；长宽比 >2 时，采用长"一"字形。

② 环状管网。干管、支管或干管、支管、毛管互相连接成环形的管网形式。其突出特点是，

供水安全可靠，管内水压力较均匀，水流条件好，供水保证率高，各条管道间水量调配灵活，有利于随机用水。但管线总长度较长，管材和管件等的用量大，投资一般高于树枝状管网。

（2）地面移动式管网的布置形式。地面移动管网一般只有一级或两级。移动管道按其软硬程度可以分为三种：一是软管。软管用完后可以卷起来，体积小，运输方便。每节长度一般为 10～50 m，各节之间用快速接头连接。二是半软管。这种管的横断面在水放空后还能基本保持圆形，也可以卷成盘状，但盘的直径较大（1～4 m）。三是硬管。为了便于移动，每节不能太长，一般为 6～9 m，需要使用较多的快速接头。管道能否正常工作主要决定于接头工作的可靠性，所以地面移动式管网对快速接头的要求较高。现在常用的软管有麻布水龙带、锦纶塑料、维塑软管等；半软管有胶管、高压聚乙烯软管等；硬管有硬塑料管、薄壁铝合金管和镀锌薄壁钢管等。常见的形式有以下几种。

① 长畦短灌。长畦短灌，是将一条长畦分为若干段，从而形成没有横向畦埂的短畦，用软管或纵向输水沟自下而上分段进行畦灌的灌水方法。

② 移动闸管。移动闸管是在移动管（软管或硬管）上开孔，孔上设有控制闸门，以调节孔的出水流量。移动闸管可直接与井泵出水管口相连，也可与固定式地埋暗管上的给水栓相连，闸管顺畦长方向布置，闸管上孔闸的间距视灌水畦、沟的布置而定，闸管长度不宜大于 20 m。实践证明，软管制作的闸管，控制闸门极易脱落，无法使用。

（三）管道水力计算

1. 管径的确定

确定管网中各级管道或各管段的直径是管网设计的主要任务。管道是管道输水系统的重要组成部分，其投资在总投资中占有相当大的比例，管径大，投资大，但管道水头损失小，运行管理费用低；管径小，投资少，但运行管理费用高，所以，必须合理确定管径。确定管径时，一般先根据各种管材的适宜流速及经验进行初选，然后进行水力计算，校核水头损失是否合理，经反复试算，最后选出符合市场生产规格标准的管径。通常初选管径时可按式（3-1）计算：

$$D = \sqrt{\frac{4Q_{设}}{\pi V}} = 1.13 \sqrt{\frac{Q_{设}}{V}} \tag{3-1}$$

式中，D 为管道内径（m）；$Q_{设}$ 为设计流量（m^3/s）；V 为管内流速（m/s）。

由式（3-1）可知，管径不仅通过的流量有关，还与所采用的流速有关。初选管径时，流速可采用经济流速。经济流速是指管道造价较低，运行费用也较低的适宜流速值，应根据当地管材单价和动力价格分析确定。不同管径的经济流速不同，一般大直径管道的经济流速大于小直径管道的经济流速。在缺乏分析资料时，可考虑以下数据：直径 100～250 mm 的管道，经济流速取 0.7 m/s 左右；直径 300～600 mm 的管道，经济流速取 1.0 m/s 左右；直径 700～800 mm 的管道，经济流速取 1.2 m/s 左右；直径 900 mm 以上的管道，经济流速取 1.3 m/s 左右。

在管道输水系统中，管网及管道内的流速一般控制在 0.5～1.3 m/s，以不产生淤积和不发生水击为限定条件。各种管材适宜流速的选取可参考表 3 – 5。在设计时，若采用的流速大于表 3 – 5 中的上限值，必须进行水锤计算，符合要求方可采用；若流速小于表 3 – 5 中的下限值，应满足不淤积的要求，最小流速一般为 0.3 ~ 0.4 m/s。

表 3 – 5　管道输水适宜流速值　　　　　单位：m/s

管材	混凝土管	石棉水泥管	水泥沙管	硬塑料管	地面移动软管	钢筋混凝土管	钢丝网水泥管
适宜流速值	0.5 ~ 1.0	0.7 ~ 1.3	0.4 ~ 0.8	0.6 ~ 1.5	0.4 ~ 0.8	0.8 ~ 1.5	0.8 ~ 1.4

2. 管网水力计算

① 沿程水头损失采用式（3 – 2）计算：

$$h_f = f \frac{Q^m L}{D^b} \qquad (3-2)$$

式中，h_f 为管道沿程水头损失（m）；f 为管道阻力系数；Q 为管道流量（m³/h）；L 为计算管段长度（m）；D 为管道内径（mm）；m、b 分别为流量指数和管径指数。f、m、b 可参照表 3 – 6 选取。如果是多口出流，需乘以多口系数。

表 3 – 6　f、m、b 数值表

管　　材		f	m	b
混凝土管	$n = 0.013$	1.312×10^6	2	5.33
	$n = 0.014$	1.516×10^6	2	5.33
	$n = 0.015$	1.749×10^6	2	5.33
	$n = 0.017$	2.240×10^6	2	5.33
石棉水泥管		1.455×10^6	1.85	4.89
硬塑料管		0.948×10^5	1.77	4.77
铁管、铸铁管		6.250×10^5	1.90	5.1
钢管、薄壁铝管		0.861×10^5	1.74	4.74

注：n 为糙率系数。

② 局部水头损失采用式（3 – 3）计算：

$$h_j = \xi \frac{V^2}{2g} \qquad (3-3)$$

式中，h_j 为局部水头损失（m）；ξ 为局部阻力系数，从相关手册中查得；V 为管内流速（m/s）；g 为重力加速度（9.81 m/s²）。

初步规划设计时，局部水头损失也可按沿程水头损失的 10% ~ 15% 估算，对于较长的平直管道，局部水头损失可忽略不计。

③ 管道总水头损失 H 用式（3－4）计算：

$$H = \sum h_f + \sum h_j \tag{3-4}$$

3. 系统设计工作压力的推算

为计算系统设计工作压力，首先要在灌区内选择一个或几个能代表整个灌区的典型点，然后按式（3－5）计算出工作压力 H_z，取其最大者作为设计工作压力。

$$H_z = H_0 + H + \Delta H \tag{3-5}$$

式中，H_z 为系统设计工作压力（m）；H 为管道总水头损失（m）；ΔH 为典型点高程与水源水面的高差（m）；H_0 为田间灌水要求的工作水头（m）。

对于半固定式系统，距水源最远处出水口的工作压力与配套管材、管长、流量及地形等因素有关。若出水口下接软管的流量为 15 m^3/h、管径为 75 mm，100 m 长的塑料软管水头损失约为 1.2 m；流量为 20 m^3/h、管径为 90 mm 时，100 m 长的塑料软管水头损失为 1.0 m 左右。在生产中，农民所用的软管长度在 100 m 左右，其水头损失达 1.0 m 以上。再者，软管出口还需要压力水头 0.2～0.3 m。固定式系统出水口的压力水头一般不低于 0.5 m。此外，若遇特殊情况，如地面升高或输水距离较远，其工作压力应酌情增加。

二、渠道输水工程设计示例

1. 渠灌区引取水枢纽、控制和泄水建筑物、量测建筑物、管道安全装置、镇墩与支墩的布设

渠灌区引取水枢纽、控制和泄水建筑物、量测建筑物、管道安全装置、镇墩与支墩的布设同前。在井灌区，当量水流量较大时，可选用闸板式圆缺孔板量水装置或配合分流式量水计测量；当量水流量不大时，宜选用水表。

2. 给水装置的布设

给水装置是管道输水系统由地埋暗管向田间供水的主要装置，可分为两类：

（1）直接向土渠供水的装置，称为出水口。

（2）接下一级软管或闸管的装置，称为给水栓。

一般每个出水口或给水栓控制的面积为 0.7 hm^2 左右，压力不小于 3 kPa，间距为 30～60 m。

出水口和给水栓的结构类型很多，选用时应因地制宜，依据其技术性能、造价和在田间工作的适应性，并结合当地的经济条件和加工能力等综合确定。一般要求如下。

① 结构简单，坚固耐用；

② 密封性能好，关闭时不渗水、不漏水；

③ 水力性能好，局部水头损失小；

④ 整体性能好，开关方便，装卸容易；

⑤ 功能多，除供水外，尽可能具有进排气，消除水锤、真空等功能，以保证管路安全运行；

⑥ 造价低。

根据止水原理，出水口和给水栓可分为外力止水式、内水压式和栓塞止水式三种类型。

本章小结

　　本章针对输配水过程中灌溉水损失严重的问题，讲述了渠道输水系统和管道输水系统的组成、分类、布设和施工技术要点，并通过具体实例阐述了管道输水工程和渠道输水工程的设计步骤。具体内容包括渠道防渗材料，渠道衬砌断面形式，渠道防渗工程防冻害技术，混凝土衬砌渠道防渗技术，砌石防渗技术，聚苯乙烯保温板防冻胀技术，管道输水系统的优点、组成与类型，管道输水系统建筑物的布设与施工等。本章内容紧密聚焦减少输配水环节中的水量损失，并对渠道防渗和管道输水进行了系统的归纳和梳理。

复习思考题

　　1. 结合实践谈谈如何通过渠道防渗减少输水过程中的水量损失。

　　2. 管道输水的关键技术环节有哪些？

　　3. 描述管道输水工程的设计步骤及相关要求。

　　4. 实践中如何因地制宜地选择合适的输水节水措施？

第四章 地面灌溉工程与技术

本章提要

地面灌溉技术是目前我国应用最普遍的农田灌溉技术，其评价指标包括经济指标和灌水质量指标。随着水资源供需矛盾的加剧，地面灌溉技术不断改革创新，以适应新时期不断提高灌水均匀度和水分利用效率的需求。改进地面灌溉技术主要包括畦灌技术、沟灌技术、淹灌技术和间歇灌溉技术。

田间工程通常指最末一级固定渠道（农渠）和固定沟道（农沟）之间条田范围内的临时渠道、排水小沟、田间道路、水稻田的格田和田埂、旱地的灌水畦和灌水沟、小型建筑物等农田基本建设工程。田间工程规划以健全和改进田间灌排渠系、实现治水改土为主要内容，是实现高产、优质、高效农业的必要前提。

主要内容

1. 地面灌溉的含义。
2. 田间地面灌溉评价指标。
3. 常见地面灌溉形式及改进形式。
4. 改进地面灌溉技术的种类和要素。
5. 田间工程规划的原则。
6. 条田规划的要求和布置形式。
7. 井渠结合的规划原则和布置形式。
8. 田、林、路的规划布置标准和形式。

学习目标

1. 掌握：水平畦灌技术及要素，块灌技术及要素，长畦分段短灌技术及要素，节水型沟灌技术形式及要素，水稻节水灌溉技术，平原和圩区田间渠系布置的要求、形式及规格。

2. 熟悉：宽浅式畦沟结合灌水技术，间歇灌溉技术要素及设计，山区和丘陵区田间渠系布置原则和形式，井渠结合灌溉网的布置形式。

3. 了解：间歇灌溉技术的原理，间歇灌溉技术的设备，田、林、路的规划布置标准和形式。

第一节 田间地面灌溉评价指标

一、概述

地面灌溉技术是最古老也是现今世界上应用最普遍的农田灌溉技术。据统计，全世界采用地面灌溉的面积占总灌溉面积的90%左右。我国现有灌溉面积的90%仍然采用地面灌溉。

我国是一个干旱、半干旱及半湿润易旱地区（简称旱区）面积较大的国家，旱区面积约占总国土面积的74%，其中东北、华北、西北三大地区的旱区面积约占总国土面积的47%，且都超过了各区土地面积的80%。这三个地区的土地资源广阔、光照资源充足、农业生产发展潜力巨大，但天然降水量稀少、水资源欠缺，因此，经常干旱，旱灾频率达50%～80%，甚至十年九旱。干旱是旱区农业产量长期低而不稳的根本原因。近年来，随着工农业生产规模的扩大和人口的不断增长，工农业用水量和人畜用水量急剧增加，水源不足问题更趋严重，缺水已成为我国旱区经济可持续发展的最大制约因素。

地面灌水方法是将灌溉水通过田间渠沟或管道输送和分配到田间，灌溉水呈连续薄水层或细小水流沿田面流动，主要借重力和毛细管作用下渗湿润土壤的灌水方法，又称重力灌水方法或全面灌水方法。根据灌溉水向田间输送的形式和湿润土壤的方式不同，地面灌水方法可分为畦灌、沟灌和淹灌（适用于水稻田）三类。

地面灌水方法具有以下优势：能充分满足作物的需水要求，对灌水技术要求不高，很容易被农民掌握运用；所需的专业设备较少，投资小；灌溉水借重力和毛细管作用下渗，能耗小，运行费用低。但是，地面灌水方法也存在许多不足，主要包括：田间灌溉水有效利用率比喷灌、滴灌等灌水方法低，只适用于质地较密实的土壤，在沙性或强透水性土壤上会产生大量深层渗漏损失；很容易发生超量灌溉，导致地下水位上升、土壤渍害和盐碱化，或沿田面发生跑水泄流问题；对土地平整度要求较高，在地形复杂的地区平整土地的投资大。因此，地面灌水方法比喷灌和滴灌更要注意改善和提高灌水技术，以达到节水、省工、高产和低成本的目的。

二、评估地面灌溉节水技术的主要指标

地面灌溉节水技术是对传统的畦灌、沟灌的畦沟规格和技术要素等进行改进后形成的新的灌溉技术。地面灌溉节水技术不仅能使灌水均匀，而且可以节水、节能、省工，保持土壤良好的物理化学性状，提高土壤肥力，获得最佳效益。

地面灌溉节水技术一般包括改进地面灌溉技术、新灌溉技术等。改进地面灌溉技术包括小畦"三改"灌水技术、长畦分段短灌技术、涌流沟灌技术、膜上沟灌技术等。新灌溉技术包括低压管道输水灌溉技术、喷灌、微灌（滴灌、微喷灌、小管出流灌和渗灌等），因为喷灌和微灌大多通过管道输水，并需一定压力，故也称为压力灌。

（一）评估地面灌溉节水技术的主要经济指标

1. 节水增产率

节水增产率是指在同样的气候等自然条件和农业技术条件下，旱作物采用地面灌溉节水技术与传统地面灌溉技术，其平均单位面积产量所增加的产量百分数。其计算公式为

$$F_{\mathrm{y}} = \frac{Y_1 - Y_2}{Y_1} \times 100\% \qquad (4-1)$$

式中，F_{y} 为节水增产率（%）；Y_1 为地面灌溉节水技术的平均单位面积产量（kg/hm²）；Y_2 为传统地面灌溉技术的平均单位面积产量（kg/hm²）。

节水增产率是评估地面灌溉节水技术的一项综合性经济指标，它标志着某种地面灌溉节水技术的增产效果及其产量水平。

2. 田间灌溉效率

田间灌溉效率是指某次由最末一级固定渠道或管道（一般指毛渠、毛管）引入田间的灌溉水，平均一个流量（1.0 m³/s）一昼夜（自流灌区为 24 h，提水灌区一般以 14～22 h 计）实际灌溉的面积。其计算公式为

$$F_{\mathrm{f}} = \frac{A}{W} \qquad (4-2)$$

式中，F_{f} 为田间灌溉效率 [hm²/(m³·s⁻¹·d)]；A 为一昼夜的实际灌溉面积（hm²/d）；W 为最末一级固定渠道或管道实际引入田间的流量（m³/s）。

田间灌溉效率综合反映了田间灌水管理工作的质量，是田间灌水管理的一项重要指标。

3. 田间灌水劳动生产率

田间灌水劳动生产率是指实施地面灌溉过程中，每个灌水员一班（通常一班为 8 h 或 12 h）能够灌溉的面积，或者每个灌水员灌溉 1 hm² 农田所需的工日数。其计算公式分别为

$$F_{\mathrm{w}} = \frac{A}{nN} \qquad (4-3)$$

$$D_{\mathrm{w}} = \frac{nN}{A} \qquad (4-4)$$

式（4-3）和式（4-4）中，F_{w}、D_{w} 为田间灌水劳动生产率，单位分别为 hm²/(人·班) 和工日/hm²；A 为一昼夜的实际灌溉面积（hm²）；n 为每班灌水员人数（人）；N 为一昼夜的灌水分班数（班）。

田间灌水劳动生产率与田间工程的合理布局和完善程度、灌水劳动组织、灌水工具及设备、田面平整状况、灌水员的技术熟练程度等有密切关系。

4. 田间灌水成本

田间灌水成本是指旱作物采用地面灌溉节水技术灌溉单位面积农田所需的费用。其计算公式为

$$C = \frac{C_p + C_w + C_j + C_i}{A} \qquad (4-5)$$

式中，C 为田间灌水成本（元/hm^2）；C_p 为灌水员的工资（元）；C_w 为水费或水资源费（元）；C_j 为灌水设备、机电装置、田间工程设施折旧和土地平整等的费用（元）；C_i 为动力费用，包括机电用油或用电及照明等的费用（元）；A 为实际灌溉面积（hm^2）。

5. 节水率

节水率是指不同地面灌溉节水技术单位面积上灌溉用水量的比值，是衡量地面灌溉节水技术节水效益的重要指标。其计算公式为

$$\eta_a = \frac{W_1 - W_2}{W_1} \times 100\% \qquad (4-6)$$

式中，η_a 为节水率（%）；W_1、W_2 分别为两种地面灌溉节水技术单位面积上的灌溉用水量，通常可用实际的灌水定额计算（m^3/hm^2）。

（二）评估地面灌溉节水技术的灌水质量指标

正确设计和实施地面灌溉节水技术必须制定一套完整的灌水质量指标体系。多年来，国内外许多农田灌溉专家、学者曾提出多个分析评估地面灌溉节水技术的灌水质量指标。目前常用的有以下三个。

1. 田间灌溉水有效利用率

田间灌溉水有效利用率是指应用某项地面灌溉节水技术后，储存于计划湿润作物根系土壤区内的水量与实际灌入田间的总水量的比值。其计算公式为

$$E_a = \frac{V_s}{V} = \frac{V_2 + V_4}{V} = \frac{V_2 + V_4}{V_1 + V_2 + V_3 + V_4} \times 100\% \qquad (4-7)$$

式中，E_a 为田间灌溉水有效利用率（%）；V_s 为灌溉后储存于计划湿润作物根系土壤区内的水量（m^3 或 mm）；V_1 为作物有效利用的水量，即作物蒸腾量（m^3 或 mm）；V_2 为深层渗漏损失水量（m^3 或 mm）；V_3 为田间灌水径流流失水量（m^3 或 mm）；V_4（对于地面灌水方法）主要指作物植株之间的土壤蒸发量（m^3 或 mm）；V 为实际灌入田间的总水量（m^3 或 mm）。土壤入渗剖面湿润情况如图4-1所示。

田间灌溉水有效利用率表征应用某项地面灌溉节水技术后农田灌溉水充分利用的程度，是评价农田灌水质量的一个重要指标。《节水灌溉工程技术规范》（GB/T 50363—2018）要求，田间水利用系数对于水稻灌区不宜低于0.95，对于旱作物灌区不宜低于0.90。

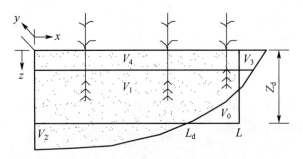

图4-1 土壤入渗剖面湿润情况示意图

2. 田间灌溉水储存率

田间灌溉水储存率是指应用某项地面灌溉节水技术后，储存于计划湿润作物根系土壤区内的水量与灌溉前计划湿润作物根系土壤区所需的总水量的比值。其计算公式为

$$E_s = \frac{V_s}{V_n} = \frac{V_1 + V_4}{V_1 + V_4 + V_0} \times 100\% \tag{4-8}$$

式中，E_s 为田间灌溉水储存率（%）；V_n 为灌水前计划湿润作物根系土壤区所需的总水量（m^3 或 mm）；V_0 为灌水量不足区域所欠缺的水量（m^3 或 mm）；其余符号的意义同前。

田间灌溉水储存率表征应用某项地面灌溉节水技术后，能满足计划湿润作物根系土壤区所需水量的程度。

3. 田间灌水均匀度

田间灌水均匀度是指应用某项地面灌溉节水技术后，田间灌溉水湿润作物根系土壤区的均匀程度，或者田间灌溉水下渗湿润作物计划湿润土层深度的均匀程度，或者田间灌溉水在田面上各点分布的均匀程度，通常用下列公式表示：

$$E_d = \left(1 - \frac{\Delta Z}{Z_d}\right) \times 100\% \tag{4-9}$$

$$V_d = \left(1 - \frac{\sum_{i=1}^{N} |X_i - M|}{NM}\right) \times 100\% \tag{4-10}$$

式（4-9）和式（4-10）中，E_d、V_d 为田间灌水均匀度（%）；ΔZ 为灌水后各测点的实际入渗水量与平均入渗水量离差绝对值的平均值（m^3 或 mm）；Z_d 为灌水后土壤内的平均入渗水量（m^3 或 mm）；M 为 N 个测点的平均入渗水量（m^3 或 mm）；X_i 为等面积测点的点入渗水量（m^3 或 mm）；N 为测点数（个）。

一般对于地面灌水，要求 E_d 在 85% 以上，最高为 100%。

上述三个灌水质量指标共同反映了农田灌溉水的利用效率，它们必须同时使用才能较全面地分析和评估某项技术或某个田间灌水过程的灌水效果。目前，农田灌水方法都选用田间灌溉水有效利用率和田间灌水均匀度这两个指标作为设计标准。而实施田间灌水必须采用 E_a、E_s 和 E_d 三个指标共同评估其灌水质量，单独使用其中任何一个指标都不能较全面和正确地判断田间灌水质量。

第二节　地面灌溉形式

地面灌溉形式主要有畦灌、沟灌和淹灌。旱作物生产区主要采用畦灌、沟灌；水稻田主要采用淹灌。为实现节水高效目标，目前地面灌溉采用了改进技术，如节水型畦灌技术、节水型沟灌技术等。与常规地面灌溉技术相比，改进地面灌溉技术更有利于实现田间均匀灌水和灌溉水分高效利用的目标。此外，还有间接灌溉技术。

一、畦灌

畦灌是将田块用低矮土埂分割成许多矩形地块，灌溉水以薄层水流进入田间，在重力和毛细管作用下湿润土壤的灌水方法。

畦灌有顺坡畦灌和横坡畦灌两种。顺坡畦灌地面坡度较小（小于1/100），畦田长边方向沿最陡地面坡度方向，即垂直于等高线；横坡畦灌地面坡度较大，畦田长边方向与等高线斜交或平行。

依畦田长度划分，畦灌又有长畦灌和短畦灌两种。通常，长畦灌的畦田长边大于100 m；短畦灌或称小畦灌的畦田长边小于70 m。试验表明，短畦灌较长畦灌可省水30%以上，在相同的施肥和灌溉条件下，作物产量较高。一般长畦灌的田间灌溉水有效利用率小于70%，短畦灌的田间灌溉水有效利用率可达80%以上。土地平整度较好的田块，田间灌溉水有效利用率可以更高。

畦灌是目前世界上运用较广泛的地面灌溉形式之一。

节水型畦灌技术是在原有畦灌技术的基础上发展起来的地面灌溉技术。目前，节水型畦灌技术主要有水平畦灌技术、块灌技术和长畦分段短灌技术。

（一）水平畦灌技术

水平畦灌技术是田块纵向和横向两个方向的田面坡度均为零的畦田灌水技术。利用水平畦灌技术实施灌水时，通常要求引入畦田的流量很大，以使进入畦田的薄层水流能在很短的时间内迅速覆盖整个畦田田面。水平畦灌技术具有灌水技术要求低、深层渗漏小、水土流失少、方便田间管理、适于机械化耕作，以及可直接用于冲洗改良盐碱地等优点。因此，水平畦灌技术已在美国等一些国家得到推广应用。

我国北方平原、丘陵及塬坡台地与河谷滩地等早已有利用类似于水平畦灌技术灌溉土地的历史，如内蒙古河套灌区、宁夏青铜峡灌区、甘肃河西走廊灌区、新疆和黑龙江农垦灌区，以及华北地区畦块田宽度较大而长度较短的广大井灌区。这些灌区田面纵横两个方向的坡度很小，当地农民至今仍采用类似于水平畦灌技术的无坡块灌技术。不过，目前这些灌区大多采用大水漫灌方式，灌水技术落后、质量差、效率低。因此，在这些灌区开展块灌技术和水平畦灌技术的试验研究，并加以示范推广，对发展节水农业具有重要意义。

1. 水平畦灌技术的主要特点

水平畦灌技术是一种节约灌溉用水的先进灌溉技术，其主要特点如下。

（1）畦田田面各方向的坡度都很小（≤1/3 000）或为零，整个畦田田面可看作水平田面。所以，水平畦田上的薄层水流在田面上的推进过程将不受畦田田面坡度的影响，而只借助于薄层水流沿畦田流程上水深变化所产生的水流压力向前推进。

（2）进入水平畦田的总流量很大，以便入畦的薄层水流能在短时间内迅速布满整个水平畦田地块。

（3）进入水平畦田的薄层水流主要以重力作用、静态方式逐渐渗入作物根系土壤区，而与一般畦灌主要靠动态方式下渗不同，故它的水流消退曲线为一条水平直线。

（4）水平畦田首末两端地面高差很小或为零，所以对水平畦田田面的平整程度要求很高。一般情况下，水平畦田不会出现田面泄水流失或畦田首端入渗水量不足及畦田末端深层渗漏现象，灌水均匀度高。在土壤入渗速度较慢的条件下，田间灌溉水有效利用率可达98%以上。

如图4－2所示，1974年美国犹他州立大学的水平试验畦田的长度和宽度均为183 m，种植紫花苜蓿。引入水平畦田的总流量为0.43 m³/s。从水平畦田的一角放水，水流到对角仅用了125 min。然后经过18.5 h，畦田上的薄层水流就全部渗入土壤。图4－2中的曲线为薄层水流推进前峰曲线，曲线上的数字表示到达该前峰线处的时间（min）。

水平畦灌技术适用于所有种类的作物和各种土壤条件。水平畦灌技术适用于：密植作物，如小麦、谷类、豆类和水稻等；饲草，如苜蓿、牧草等；宽行距行播作物，如玉米、棉花、高粱、甜菜等；树木，如各种果树、用材林、经

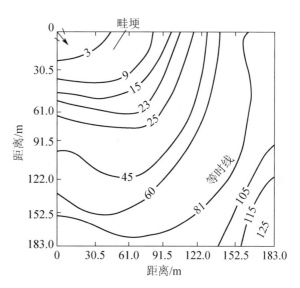

图4－2　水平畦灌技术水流推进过程

济林；水果蔬菜，如葡萄、番茄、黄瓜等。水平畦灌技术尤其适用于入渗速度比较慢的黏性土壤，但实践证明，它在沙性土壤上也有较好的节水效果，一般可节水20%以上。

2. 水平畦灌技术对土地平整度的要求

水平畦灌技术对土地平整度的要求很高。对水平畦田地块必须进行严格平整，然而采用传统的土地平整测量方法和平整工具既费工，又很难达到精确的平整要求。为此，我国自行研制了带激光控制装置的铲运机用于平整土地。它的基本工作原理是：在水平畦田地块中间或者一端设置激光发生器，发射一束激光。激光接收器安装在平地铲运机上，激光发生器按照设计者平整土地的意图发射一束水平的或者与水平面呈所需角度的激光光束。平地铲运机依据激光光束产生的虚拟光面和指导位置，上下移动铲板，调节铲刀至适当高度，并在平地铲运机行进过程中，或将地面高处铲平，或将地面低处填土整平。激光接收器上安装有硅酮光电管，用于指示激光的位置。激光接收器收到激光信号后，即可向安装在驾驶室内与控制系统相连的阀门发出信号，操作人员可在驾驶室内监视全套系统装置的运行情况。激光发生器在工作过程中可以以一定的角速度旋转。因为激光本身在空气中具有很强的穿透力（在20 km处都能接收到），所以平地铲运机在水平畦田地块的任何位置都能接收到激光信号，其工作原理如图4－3所示。

图 4 – 3 平地铲运机工作原理示意图

（a）宽度小于 3.5 m 平地铲运机的前部；（b）宽度小于 3.5 m 平地铲运机的后部

（c）宽度大于 3.5 m 平地铲运机的前部；（d）宽度大于 3.5 m 平地铲运机的后部

　　根据水平畦田地块的原有平整程度，可以选用粗平机械和精平机械。若原畦田田面起伏较大，就需要用粗平机械先将地块田面大致整平，再进行精平。对于以前曾平整过的水平畦田，一般只需精平即可。

　　激光平地机械的效率和平整精度相当高。例如，美国 CAM3C0 激光平地机的功率为 132.3 kW，每台班 8 h 可以精平 5 ~ 15 hm^2 土地，能完成 2 500 ~ 5 000 m^3 的平地土方量，其平整精度可达到最大误差在 ±3.0 cm 以内。

　　对于水平畦田的土地平整度，美国土壤保持局设定的标准是：80% 的水平畦田地块田面平均高差应在 ±1.5 cm 以内。实际上，利用激光控制的平地铲运机平整土地，平整后的地面高差平均误差均在 ±1.5 cm 以内，最大误差为 ±3.0 cm 的畦田面积所占的比例达到 86%。

　　此外，由于水平畦灌的供水流量大，故在水平畦田进水口处还需要采取较完善的防冲措施。又由于水平畦田的宽度较大，为保证沿水平畦田全宽度都能按确定的单宽流量均匀灌水，必须采取与之相适应的田间配水方式、田间配水装置及田间配水技术措施。

　　水平畦灌技术的灌水技术要素同样也是畦长、畦宽、单宽流量和灌水时间等。由于水平畦灌技术的灌水技术要素不能应用一般畦灌法的理论和方法解算，而必须应用简化了的流体力学数学模型，也就是零位惯性量数学模型解算。这种计算方法很复杂，需借助电子计算机求解。

（二）块灌技术

块灌在我国农田灌溉事业发展中已有上千年的历史。目前在我国甘肃、宁夏、内蒙古、新疆等省（自治区）的广大地势平坦的灌区，人们普遍采用块灌。

在我国北方的大多数灌区，由于长期以来落后的灌水习惯，人们在大块田上普遍采用大水漫灌或大水串灌，一般串灌块田有的为十多块，有的可达上百块。串灌以块田代替田间输水渠和输水沟，浪费的灌溉水量相当大，灌水质量很低，肥料流失很严重，还影响作物的产量和品质，并促使地下水位上升，招致土壤沼泽化和次生盐碱化。近年来，随着农业生产技术的发展，广大农民对节水灌溉的意义有了深刻认识，并积极要求改变过去落后的灌水习惯，从而促使"改大块为小块，改宽块为窄块，改长块为短块"的"三改"速度大大加快，大块灌水和串块灌水的面积逐年减少。

据甘肃、宁夏、内蒙古等灌区的试验资料和群众灌水经验，块灌技术适宜的块田宽度一般为 5~8 m，块田长度在 50 m 左右，块田面积最好小于 330 m²，最大为 660 m²。对于无坡块灌，块田面积、长度和宽度均可比有坡块灌大一些。但我国目前尚无效率高的精细土地平整机具，因此，为减小土地平整工作量，块田规格不宜过大。随着我国平整机具及平整技术不断应用于生产实际，该方面将会有很大改观。目前，一般块田长度不宜大于 60 m，宽度应小于 10 m。据统计分析，一般小于 330 m² 的块灌，在自流灌区要比大于 1 000 m² 的块灌省水 43.9%，在提水灌区也要省水 24.4%。

一般划分灌水技术的依据包括：①灌溉水向田间输送的方式；②湿润土壤的方式。传统的畦灌技术是将水以薄层水流的形式向田间土壤表面输送的，湿润土壤主要依靠薄层水流的重力作用，而土壤毛细管的湿润作用较弱。同样，块灌技术也是将水以薄层水流的形式向田间土壤表面输送的，并主要以重力作用湿润土壤，毛细管作用虽有，但不如重力作用大。块灌技术与畦灌技术的差异主要表现在块田与畦田的宽度相差甚大，从而导致土壤表面薄层水流的推进运动过程不同。

在土地平整良好、纵向地面坡度单一、横向地面坡度很小的块田条件下，进入块田的水流横向扩散运动非常明显，也就是块田宽度对薄层水流推进运动的影响显著。块灌技术必须考虑这种影响。而采用畦灌技术的畦田宽度为 2~3 m，最大宽度为 5 m，井灌区和蔬菜区的宽度为 0.5~1.2 m，薄层水流沿畦长方向的纵向推进运动是主流，横向扩散运动影响不明显，故一般在其灌水技术中不考虑畦田宽度对入畦薄层水流可能产生的影响。

根据试验研究分析，对于一般宽度小于 5 m 的地块，薄层水流横向扩散不明显；对于宽度为 5~10 m 的地块，薄层水流横向扩散较明显；对于宽度大于 10 m 的地块，薄层水流横向扩散十分明显。因此，为提高灌水质量，块田与畦田以宽度 5 m 为界线。宽度小于 5 m 的地块称为畦田，宽度大于 5 m 的地块称为块田。

畦田和块田的田面坡度对灌水技术的影响很大，可用不同的地面水流推进理论解算确定，因此可按它们的田面有无坡度划分为有坡畦、块田和无坡畦、块田。田面坡度不大于 1/3 000 的地块属于无坡畦、块田，需应用水平畦灌零位惯性量数学模型确定其灌水技术要素。田面坡度大于1/3 000的地块属于有坡畦、块田,可应用一般的畦灌技术要素。表4-1列举了甘肃西营河灌区的灌水技术方案供参考。块田规格及单宽流量等要素可参考表4-2。

表4-1 甘肃西营河灌区的灌水技术方案

灌水定额/ (m³/hm²)	畦长/ m	单宽流量/ [L/(s·m)]	块田宽度/ m	块田进水流量/ (L/s)	放水时间/ min	田面坡度
975	100	2.71	20~25	50~68	60	0~1/3 000
	160	4.33	20~25	86~108	60	

表4-2 块灌技术要素

土壤类别	灌水定额/mm	田面坡度	块田宽度/m	块田长度/m	单宽流量/[L/(s·m)]
沙土	100	0	12~30	60~100	9~10
		4/1 000	10~12	60~100	8~9
		8/1 000	5~10	75	5~7
壤土	150	2/1 000	15~30	90~300	4~6
		4/1 000	10~12	90~180	3~5
		8/1 000	5~10	90	2~4
黏土	200	2/1 000	15~30	350	3~6
		4/1 000	10~12	180~300	2~4

块田宽度对灌水质量、灌水均匀度的影响不可忽视。因此,块灌技术要求块田田面尽量无横向坡度,土地平整良好,向块田供水时采取多口均匀供水、均匀分配水流的技术措施。为提高灌水质量和节约灌溉水量,可采取如下方法:在块田首端10 m范围内,把田面平整成水平状,使水流能迅速沿块田横向遍布整个田面,在块田末端20 m范围内,把田面修筑成水平状,使下游能蓄存积水,同时防止产生地表径流损失。

块灌技术需要掌握三个要素,即大流量、快速推进、及时封口,以达到节水灌溉的目的。大流量是指单宽流量大于6 L/(s·m);快速推进是指对入块流量要多开进水口,均匀分配水流,消除水流横向扩散作用,使水流迅速布满田块的整个宽度,同时保证田块的进水口处不发生冲刷;及时封口是指封口成数为七成到九成,对于无坡块田,封口成数要达到十成,否则会造成大水漫灌,使灌水定额过大、用水效率过低。但是,对于块灌技术应用中的田间配水、渠系布设及渠道工作制度安排需要做较大调整。

(三)长畦分段短灌技术

地面灌溉与其他灌溉形式相比,具有投资少、运行费用低、使用管理简便等优点,但它也存在管理粗放、畦(沟)规格不合理、田间水浪费严重等缺点。实践表明,如果对传统的地面灌溉形式进行科学、合理的改进，如采用长畦分段短灌技术等节水型地面灌溉新技术，可取得显著的节水增产效果。

1. 长畦分段短灌技术的概念

近年来，在北方旱区出现了一种灌水技术，即将一条长畦分成若干个没有横向畦埂的短畦，采用地面纵向输水沟或塑料薄壁软管，将灌溉水输入畦田，然后自下而上或自上而下依次逐段向短畦内灌水，直至全部短畦灌完，称为长畦分段短灌技术。长畦分段短灌技术若用输水沟输水和灌水，同一条输水沟第一次灌水时，应由长畦尾端开始自下而上分段向各短畦灌水；第二次灌水时，应由长畦首端开始自上而下分段向各短畦灌水。输水沟内一般仍可种植作物。

2. 长畦分段短灌技术的优点

（1）节水。该技术可以实现较低定额灌水，灌水均匀度大于80%，与畦田长度相同的常规畦灌技术相比可省水40%～60%，田间灌溉水有效利用率可提高一倍左右或更多。

（2）省工。该技术的灌溉设施占地少，可以省去一级至二级田间输水沟（渠）。

（3）适应性强。与常规畦灌技术相比，该技术可以灵活适应地面坡度、糙率和种植作物的变化，采用较小的单宽流量，减轻土壤冲刷，易于推广，便于田间耕作。

3. 长畦分段短灌技术的要领

采用长畦分段短灌技术的地块畦宽为5～10 m，畦长一般为100～400 m，但其单宽流量并不增大。长畦分段短灌技术的要领是确定适宜的入畦流量、侧向分段开口的间距（短畦长度与间距）和分段改水时间或改水成数。

正确确定侧向分段开口间距。根据水量平衡原理和畦灌水流运动的基本规律，在满足定额灌水和十成改水的条件下，计算分段进水口间距。基本计算公式如下。

对于有坡畦灌：

$$L = \frac{40q}{1+\beta_0}\left(\frac{1.5m}{k_0}\right)^{\frac{1}{1-\alpha}} \tag{4-11}$$

对于水平畦灌：

$$L_0 = \frac{40q}{m}\left(\frac{1.5m}{k_0}\right)^{\frac{1}{1-\alpha}} \tag{4-12}$$

式（4-11）和式（4-12）中，L 和 L_0 为分段进水口间距（m）；β_0 为地面水流消退历时与水流推进历时的比值，一般 $\beta_0 = 0.8 \sim 1.2$；q 为入畦（块）单宽流量 [L/(s·m)]；m 为灌水定额（$m^3/667\ m^2$）；k_0 为第一个单位时间内的平均入渗速度（mm/min）；α 为入渗递减指数。

二、沟灌

沟灌是将灌溉水引入田间垄沟，水借助重力和毛细管作用向灌水沟沟底和沟两侧入渗，湿润灌水沟周围土壤的地面灌水方法。其普遍应用于宽行作物和透水性中等的土壤。

沟灌依地形坡度，分为顺坡沟灌和横坡沟灌两种。依灌水沟断面尺寸大小，沟灌又可分为深沟灌和浅沟灌两种。深沟灌常用于灌溉多年生、深根行播作物，浅沟灌或细流沟灌一般适用于渗水较缓慢的土质及灌溉密植作物。由于沟灌主要是借毛细管作用湿润土壤，土壤入渗时间较长，故对于地面坡度较大或透水性较差的地块，为了增加土壤入渗时间，常有意识地增加垄沟长度，使垄沟内水流延长，形成多种多样的灌溉垄沟形式，如回曲沟、锁链沟、直形沟、八字形沟、方形沟等。由于沟内水流仅覆盖 1/5 ~ 1/2 的土壤表面，因此，与畦灌相比，沟灌可降低地面土壤蒸发，对土壤团粒结构的破坏较小，灌水量较少，灌水效果比较理想，田间灌溉水有效利用率可达 80% 以上。

（一）节水型沟灌技术

目前，节水型沟灌技术主要有以下几种形式。

1. 细流沟灌技术

（1）细流沟灌技术的定义。细流沟灌技术是在水流动过程中将全部水量渗入土壤，放水停止后在沟中不形成积水的灌溉技术。因为在停止放水后沟中不存蓄水，所以在灌水时间内的入渗水量应该等于计划灌水定额。实践中，地面坡度较大、土壤透水性较差的地区多采用细流沟灌技术。因为在灌水过程中，水流在灌水沟内一边流动一边下渗，直至全部灌溉水量均渗入土壤计划湿润层内，停止放水后沟内不会形成积水，故细流沟灌属于在灌水沟内不存蓄水的封闭沟灌类型。

（2）细流沟灌技术的优点。沟内水浅，水流流动缓慢，主要借毛细管作用浸润土壤，水流受重力作用湿润土壤的范围小，能使灌溉水分布均匀；节约水量，不破坏土壤的团粒结构，不流失肥料，减少地面蒸发量，比灌水沟内存蓄水的封闭沟灌的蒸发损失量减少 2/3 ~ 3/4；湿润土层均匀，而且深度大，保墒时间长。

（3）细流沟灌技术的灌水要素设计。细流沟灌技术的灌水沟规格与一般沟灌技术相同，只是在每个灌水沟口放一个控制水流的小管，引入小流量。控制水流的小管可以使用竹管、瓦管或塑料管等，管孔的直径约为 2.5 cm。对于黏质土壤，也可开三角口代替灌水管。灌水沟内的水深为沟深的 1/5 ~ 2/5，入沟流量控制在 0.2 ~ 0.4 L/s 为宜，大于 0.4 L/s 时，沟内将产生冲刷，湿润均匀度变差。对于中轻壤土，地面坡度为 1/100 ~ 2/100 时，沟长一般控制在 60 ~ 120 m。灌水沟在灌水前开挖，以免损伤禾苗。灌水沟的断面宜小，一般沟底宽度为 12 ~ 13 cm，深度为 8 ~ 10 cm，间距为 60 cm。灌溉水主要借毛细管作用下渗，对于中轻壤土，一般采用十成改水；对于透水性差的土壤，可以允许在沟尾稍有泄水。

2. 锁链沟沟灌技术

锁链沟沟灌技术（图 4 - 4）主要适用于地面坡度为 1/600 ~ 1/200、土壤透水性较差的地块。锁链沟可以延长水在沟中的入渗时间，提高灌水均匀度，适当加大灌水定额，以增强抗旱、防风、抗倒伏能力。

3. 沟垄灌技术

沟垄灌技术是在播种前，根据作物行距，在垄上种植两行作物，则垄间就形成了灌水

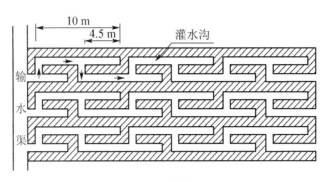

图 4 - 4　锁链沟

沟，用于灌水（图 4 - 5）。每两行作物形成一个灌水沟。因此，其湿润作物根系区土壤的原理主要是靠灌水沟内旁侧土壤的毛细管作用渗透湿润。

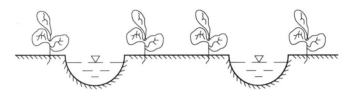

图 4 - 5　沟垄灌

沟垄灌技术多适用于棉花、马铃薯等作物或宽窄行相间种植的作物，是一种既可以抗旱又可以防渍涝的节水沟灌技术。沟垄灌技术的主要优点：沟垄部位的土壤疏松，通气状况好，土壤保持水分的时间久，有利于抵御干旱；作物根系区土壤的温度较高；沟垄部位的土壤水分过多时，尚可以通过沟侧土壤向外排水，不会使土壤和作物发生渍涝危害。沟垄灌技术的主要缺点：修筑沟垄比较费工，沟垄部位的蒸发面大，容易跑墒。

4. 播种沟沟灌技术

播种沟沟灌技术主要在沟播作物播种缺墒时使用。在作物播种期遭遇干旱时，为了抢时播种，促使种子发芽，保证苗齐、苗壮，可采用播种沟沟灌技术。

具体方法是：依据作物计划的行距要求，犁第一沟时播种下籽；犁第二沟时将其作为灌水沟，并将犁第二沟时翻起来的土覆盖第一沟内播下的种子，同时立即向该沟内灌水；依此类推，直至全部地块播种结束。灌水沟内的水通过旁侧渗透供给种子。因此，播种沟中的土壤不会发生板结，通气状况良好，土壤疏松，非常有利于作物种子发芽和出苗。播种沟可以采取先播种再灌水或随播种随灌水的方式，以不延误播种期，并为争取适时早播提供方便。

目前，播种沟沟灌技术分为逐沟灌、隔沟灌、串沟灌、轮沟灌等。逐沟灌能使土壤湿润充分；隔沟灌可以提高灌溉效率，扩大灌溉面积；串沟灌是借用其他垄沟输水，以便绕过有微地形变化的地方；轮沟灌是在旱象严重时为满足作物迫切需水要求而采用的方法。

（二）节水型沟灌技术要素分析

节水型沟灌技术是通过灌水沟灌溉田间土壤，灌溉时，水流推进速度较快，且仅湿润局部土壤，所以在节水的同时也实现了节能，灌溉后不会破坏作物根部附近的土壤结构，可以保持根部土壤疏松、通气状况良好，不会形成严重的土壤表面板结，能减少深层渗漏，防止地下水位升高和土壤养分流失，减少棵间蒸发损失，有利于土壤保墒。灌水沟的开挖，还可对作物起培土作用。

1. 灌水沟的田间布置

沟灌适宜的地面坡度一般为 1/200～1/50。一般灌水沟沿地面坡度方向布置，但当地面坡度较大时，可以与地形等高线成锐角布置，使灌水沟获得适宜的比降。地面坡度不宜过大，否则水流速度快，容易使土壤湿润不均匀，达不到预定的灌水定额或灌水效果。此时，可对灌水沟的入沟流量或其他技术要素进行调整，使其既能保证灌水均匀，又能达到设计灌水定额。

2. 灌水沟的间距

灌水沟的间距应和沟灌的湿润范围相适应，并应满足农业耕作和栽培要求。灌水时，水在重力及土壤毛细管作用下向周边浸润。在轻质土壤的灌水沟中，水流垂直下渗速度较快，而向灌水沟四周沟壁的侧渗速度相对较慢，所以土壤湿润范围呈长椭圆形。对于透水性较差的重质土壤，土壤毛细管作用较强烈，灌水沟中的水流通过沟底的垂直下渗与通过沟壁的侧渗接近平衡，故土壤湿润范围呈扁椭圆形。为了使土壤湿润均匀，灌水沟的间距应使土壤的浸润范围相互连接。因此，对于透水性较好的轻质土壤，灌水沟的间距应较窄；对于透水性较差的重质土壤，灌水沟的间距应适当加大。为了保证一定种植面积上栽培作物的植株数目，在一般情况下，灌水沟的间距应尽可能与作物的行距一致。作物的种类和品种不同，其所要求的行距也不同。因此，在实际操作中，若根据土壤质地确定的灌水沟间距与作物的行距不相适应，应结合具体情况，考虑作物行距要求，适当调整灌水沟的间距。

3. 灌水沟的长度

灌水沟的长度与灌水流量、沟深、土壤的透水性和地面坡度有关。一般情况下，在地面坡度较大、土壤的透水性较差时，灌水沟可以适当长一些；在地面坡度较小、土壤的透水性较好时，灌水沟可以适当缩短。根据灌溉试验结果和生产实践经验，一般沙壤土上的灌水沟最长 50 m，黏性土壤上的灌水沟最长 100 m。

4. 灌水沟的断面形状

灌水沟的断面形状一般为倒梯形和倒三角形。其深度与宽度应依据土壤类型、地面坡度及作物种类等确定。浅沟深 8～15 cm，上口宽 20～35 cm；深沟深 15～25 cm，上口宽 25～40 cm。水深一般为沟深的 1/3～2/3。对于土壤有盐碱化威胁的地区，由于灌水沟的顶部（垄）容易聚积盐分，可以把作物种植在灌水沟的侧坡部位，以避免盐碱威胁作物生长发育。梯形断面灌水沟实施灌水后，往往会改变形状，成为近似抛物线形断面。

5. 灌水要素设计

入沟流量与地面坡度、灌水沟的长度及土壤透水性有关，它们之间是相互制约的。一般沟灌时，水在流入灌水沟后，部分渗入土壤，待灌水停止后，会出现下列两种情况：第一种是在沟中存蓄一部分水，其逐渐渗入土壤；第二种是沟中水在灌水期间全部下渗到土壤计划湿润层内，沟中不存水。

（1）灌水时间。

对于第一种情况：计划的灌水定额应等于 T 时间内的入渗水量与灌水停止后在沟中存蓄的水量之和，即

$$mal = (b_0 h + p_0 \overline{K_t} t) l \qquad (4-13)$$

$$t = \left(\frac{ma - b_0 h}{p_0 K_0} \right)^{\frac{1}{1-a}} \qquad (4-14)$$

对于第二种情况：

$$mal = p_0 \overline{K_t} t l = p_0 K_0 t^{1-a} l \qquad (4-15)$$

$$t = \left(\frac{ma}{K_0 p_0} \right)^{\frac{1}{1-a}} \qquad (4-16)$$

式（4-13）至式（4-16）中，h 为沟中平均蓄水深度（m）；a 为灌水沟间距（m）；m 为灌水定额（m）；l 为沟长（m）；b_0 为平均水面宽（m），$b_0 = b + \varphi h$，b 为灌水沟沟底宽度（m），φ 为灌水沟边坡系数；p_0 为 t 时间内灌水沟的平均有效湿周（m），$p_0 = b + 2 \gamma h \sqrt{1 + \varphi^2}$，$\gamma$ 为借毛细管作用沿沟的边坡向旁侧渗水的校正系数，土壤毛细管性能越好，γ 越大，γ 一般为 $1.5 \sim 2.5$；$\overline{K_t}$ 为 t 时间内的平均渗吸速度（m/h）；K_0 为第一个单位时间内土壤平均渗吸速度（mm/min）。

（2）沟长。其计算公式为

$$l = \frac{h_2 h_1}{i} \qquad (4-17)$$

式中，h_1 为灌水停止时沟首水深（m）；h_2 为灌水停止时沟尾水深（m）；i 为沟的坡度。

（3）入沟流量。其计算公式为

$$3.6 qt = mal \qquad (4-18)$$

$$q = \frac{mal}{3.6t} \qquad (4-19)$$

6. 改水成数

为保证沿灌水沟长度各点处的土壤湿润均匀，必须使各点处的土壤入渗时间大致相等，也就是应严格控制沟灌的灌水时间。在沟灌生产实践中，灌水时间的控制通过及时封沟改水的改水成数实现。根据沟灌灌水定额、土壤透水性，以及灌水沟的纵坡、沟长和入沟流量等条件，改水成数可采用七成、八成、九成，或采用满沟封口改水等。一般地面坡度大、入沟流量大或土壤透水性差时，改水成数应取较小值；地面坡度小、入沟流量小或土壤透水性好

时，改水成数应取较大值。

（三）宽浅式畦沟结合灌水技术

1. 宽浅式畦沟结合灌水技术的概念

宽浅式畦沟结合灌水技术是一种适应间作套种或立体栽培作物的灌水畦与灌水沟相结合的灌水技术。近年来的试验和推广应用证明，宽浅式畦沟结合灌水技术是一种高产、省水、低成本、较先进的地面灌溉技术。

2. 宽浅式畦沟结合灌水技术的特点

（1）畦田和灌水沟相间，交替更换，畦田面宽为 40 cm，可以种植两行小麦，行距为10～20 cm。

（2）小麦可以采用常规畦灌或长畦分段短灌技术灌溉，如图 4-6（a）所示。

（3）在小麦乳熟期，每隔两行小麦开挖浅沟，套种一行玉米，套种的玉米行距为 90 cm。在此期间，如遇干旱，土壤水分不足，或有干热风时，可利用浅沟灌水，灌水后借浅沟湿润土壤，为玉米播种和发芽出苗提供良好的水分条件，如图 4-6（b）所示。

（4）小麦收获后，玉米已近拔节期，可在小麦收割后的空白畦田处开挖灌水沟，并结合玉米中耕培土，把从畦田田面上挖出的土壤覆在玉米根部，这就形成了灌水沟的垄，而原来的畦田田面成为灌水沟沟底，如图 4-6（c）所示。

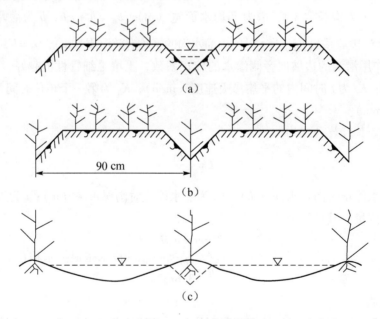

图 4-6　宽浅式畦沟结合灌溉示意图

（5）灌水沟的间距正好是玉米的行距，这种做法既可使玉米根部牢固，防止倒伏，又能多蓄水分，增强玉米的耐旱能力。宽浅式畦沟结合灌水技术最适于遭遇干旱天气时，以一水促两种作物。

3. 宽浅式畦沟结合灌水技术的主要优点

（1）灌溉水流入浅沟后，由浅沟沟壁向畦田土壤侧渗湿润土壤，对土壤结构破坏小。

（2）蓄水保墒效果好，施肥集中，养分利用充分，通风透光性好，培土厚，作物抗倒伏能力强，有利于两茬作物获得稳产、高产。

（3）灌水均匀度高，灌水量小，一般灌水定额在 525 m^3/hm^2 左右，而且玉米全生育期灌水次数比传统地面灌溉减少 1~2 次，耐旱时间较长。

（4）能促使玉米适当早播，解决小麦、玉米两茬作物"争水、争时、争劳"的尖锐矛盾。

宽浅式畦沟结合灌水技术是我国北方广大旱作物灌区值得推广的节水灌溉新技术。但是，它也存在田间沟和畦多、沟和畦要轮番更换、劳动强度较大、费工较多等缺点。

三、淹灌

淹灌是在田间用较高的土埂筑成方格格田，然后引入较大流量，迅速在格田内建立一定厚度的水层，水借重力渗入土壤的地面灌水方法。

淹灌主要适用于水稻、水生植物及盐碱地冲洗灌溉，内蒙古等地冬储灌水也常采用淹灌。旱作物严禁使用淹灌，以避免产生深层渗漏，浪费灌溉水。

水稻是世界上栽培面积和产量仅次于小麦的主要细粮作物。在我国，水稻的栽培面积和总产量居粮食作物的首位。当前全球有 30 亿人依靠稻米提供热量，而我国有一半以上的人口以稻米为主食，因此，稻米生产对我国乃至全球的粮食安全都至关重要。在农业用水中，水稻栽培耗水较多，占农业用水量的 65% 以上。水稻每公顷的灌溉用水量高于12 000 m^3，生产 1 kg 稻谷需灌溉 1~2 t 水。针对水资源短缺、水稻栽培耗水较多和人们对稻米的需求量大三者之间的矛盾，对水稻进行节水灌溉有重要的战略意义和现实意义。

根据各地不同的自然条件，水稻节水灌溉技术主要有以下几种。

1. 水稻控制灌溉技术

水稻控制灌溉技术是指稻苗（秧苗）本田移栽后，田面保持 5~25 mm 的薄水层返青活苗，在返青以后的各个生育阶段，田面不建立灌溉水层，以根层土壤含水量作为控制指标，确定灌水时间和灌水定额。土壤水分控制上限为饱和含水量，下限则视水稻的不同生育阶段，分别取土壤饱和含水量的 60%~70%。水稻控制灌溉技术是根据水稻在不同生育阶段对水分需求的敏感程度和节水灌溉条件下水稻新的需水规律，在发挥水稻自身调节功能和适应能力的基础上，适时、适量科学供水的灌水新技术。采用水稻控制灌溉技术后，水稻蒸腾量及其规律均发生了变化，生理节水量占节水总量的 29.3%，棵间蒸发减少量（生态节水）占总节水量的 3.8%，田间渗漏减少量占总节水量的 66.9%。水稻控制灌溉技术在改变水稻生理生态需水要求的同时，还充分利用了天然降水。

2. 水稻薄露灌溉技术

水稻薄露灌溉技术是一种水稻灌溉薄水层、适时落干露田的灌溉技术。"薄"就是灌溉水层要薄，一般在 20 mm 以下；"露"是指田面表土要经常露出来，不要长期淹灌一层水。该灌溉技术是浙江省水稻灌溉科研工作者通过连续多年对比试验研究后总结出来的，它彻底改变了水稻长期淹灌的状态，有效地改善了水稻的生态条件，可以达到节水增产的效果。这是一项先进的增产节水灌溉技术，不需要增加设备和资金，只改变传统的灌水方法，并将土、肥、光、热和田间小气候有机地结合起来，就能达到增产节水的目的，简单易行。

3. 水稻叶龄模式灌溉技术

有学者通过大量的试验研究发现，水稻品种可按主茎总叶数与伸长节间数进行分类，同一类型的诸品种可按叶龄确定其生育进程和实施栽培作业。这就为水稻栽培的模式化、规范化提供了依据。根据水稻生育进程叶龄模式进行的灌溉称为水稻叶龄模式灌溉。根据水稻不同叶龄期与抽穗至成熟期的生理需水和生态需水规律，以叶龄进程为主轴、产量形成为目标、调节器官协调生长为依据，实行高产灌溉技术，有利于准确掌握各次灌水、湿润、排水、搁田的起止时间与强度，在不同生育期将田间水分控制在高产所需的适宜范围内。

4. 水稻"薄、浅、湿、晒"灌溉技术

水稻"薄、浅、湿、晒"灌溉技术是根据水稻被移植到大田后各生育期的需水特性和要求进行灌溉排水，为水稻生长创造良好的生态环境，达到节水增产目的的灌溉技术。概括地说，就是薄水插秧，浅水返青，分蘖前期湿润，分蘖后期晒田，拔节孕穗期回灌薄水，抽穗开花期保持薄水，乳熟期湿润，黄熟期湿润落干。这种灌溉技术制度简明，农民易于理解和掌握，便于大面积推广应用。耗水量试验对比结果表明，水稻"薄、浅、湿、晒"灌溉技术比全期浅灌技术田间耗水量少，平均早稻耗水量减少 483 m^3/hm^2，晚稻耗水量减少 585 m^3/hm^2，早、晚两季水稻耗水量减少 1 068 m^3/hm^2。田间耗水量的减少对有效利用水资源和充分发挥水利设施的灌溉效益都有显著的作用。

5. 水稻非充分灌溉技术

充分灌溉技术是满足作物全生育期内潜在蒸发蒸腾对水的需求，以获取作物最高产量为目标（"丰水高产"）的灌溉技术。非充分灌溉技术，国外也称为有限水量灌溉技术或蒸发蒸腾量亏缺灌溉技术，是作物实际蒸发蒸腾量小于潜在蒸发蒸腾量的灌溉技术。它不以获取单位产量最高为目标，而以单方水的经济效益最高为目标。其理论基础是，作物自身具有一系列对水分亏缺的适应机制和有限缺水效应，这种有限缺水效应将引起同化物从营养器官向生殖器官分配的增加。

水稻非充分灌溉技术的巨大节水潜力已逐步为人们所认识。水稻田 0 ~ 50 cm 土层平均土壤含水量不低于饱和含水量的 80%、0 ~ 20 cm 土层平均土壤含水量不低于饱和含水量的 70% 时，土壤含水量对耗水强度、耗水量基本无影响。土壤含水量低于此值时，耗水强度、耗水量下降，受旱越严重（土壤含水量越低），耗水量下降幅度越大。单一阶段受轻旱、中旱（土壤含水量下限为 55% 的饱和含水量）和重旱时，耗水量可减少 11% ~ 21%、16% ~ 28% 和 19% ~ 33%；两个阶段连续受中旱时，耗水量可减少 20% ~ 33%；三个阶段连续受轻旱时，耗水量可减少29%～44%。如果受旱程度相同，则大气蒸发力越强，受旱引起的耗水量下降幅度越大。

6. 水稻旱育稀植栽培技术

水稻旱育稀植栽培技术在我国自20世纪90年代推广应用以来，取得了很大的增产效益和社会效益。许多地区建立了适合本地区的水稻旱育稀植栽培技术新体系。许多水稻栽培专家认为，水稻旱育稀植采用宽窄行栽培的方式比较适宜，它可以充分利用边际优势，协调群体与个体的关系，有利于通风透光，增加分蘖数，提高水温、地温、群体光合效率、成穗率、结实率、千粒重和产量。

采用该项技术育秧时，本田不需要深灌水，比传统技术省水1/3～1/2，省种60%～80%，省秧田85%左右，每公顷用工省30个以上。同时，采用这项技术育秧能够使秧苗抗病、早熟7～15 d，提高产量和品质，降低投入，增加产出，便于群众掌握。

四、间歇灌溉技术

（一）间歇灌溉技术的原理

1. 间歇灌溉技术的概念

间歇灌溉技术又称波涌灌溉技术，是按一定的周期，间歇性地向沟（畦）供水，使水流分阶段地推进到沟末端的一种节水型地面灌溉新技术。通过几次放水和停水过程，水流在向下游推进的同时，借助重力、毛管力作用渗入土壤，这样田面表土经过一干一湿的交替作用，形成表土致密层，其一方面使湿润段的土壤入渗能力降低，另一方面使田面水流运动边界条件发生变化，糙率减小，为后续周期的水流运动创造一个良好的边界条件。

2. 间歇灌溉技术的特点

间歇灌溉技术与传统地面沟灌技术相比，具有节水、节能、保肥、水流推进速度快和灌水质量高的优点，并能解决长畦灌水难的问题，还容易实行小定额灌溉和自动控制。但是，间歇灌溉技术需要较高的管理水平，间歇灌溉设备必须保养好才能正常运转。不洁净的水可能会使某些阀门的控制系统失灵。操作者技术不熟练也可能会造成一些问题，如操作不当引起尾水过多等。

3. 间歇灌溉技术的适宜条件

土壤为结构良好的中壤土、轻壤土、沙壤土，且土壤表层不应有土壤板结现象。在田间发生严重板结时，进行间歇灌溉前，应对土壤进行中耕，以提高灌水效果。对于透水性不良的黏土和透水性过强的沙土，间歇灌溉的效果较差。一般要求实施间歇灌溉的畦纵向不应存在倒坡。

（二）间歇灌溉技术要素及设计

1. 间歇灌溉技术要素的确定

（1）周期时间与周期数。间歇灌溉技术的一个供水和停水过程称为一个灌水周期；在

一个灌水周期内，放水时间（T_{on}）与停水时间（T_{off}）之和称为周期时间（T），即

$$T = T_{on} + T_{off} \tag{4-20}$$

完成一次间歇灌溉全过程所需放水和停水过程的次数称为周期数。

在其他条件相同的情况下，间歇灌溉的周期数越大，即周期供水时间越短，水流平均推进速度越快，相应的灌水定额越小，间歇灌溉的效果越好。但当周期数增加到一定值时，间歇灌溉的效果提高就不明显了。在实际灌溉中，周期数增多，会使畦口开关频繁，在无自动灌水设备时，势必增大灌水人员的劳动强度，所以在实际进行人工间歇灌水时，周期数一般不宜太大。一般畦长在 200 m 以上时，以 3~4 个周期为宜；畦长在 200 m 以下时，以 2~3 个周期为宜。

（2）循环率（γ）。放水时间（T_{on}）与周期时间（T）之比称为循环率（γ），即

$$\gamma = \frac{T_{on}}{T} \tag{4-21}$$

循环率直接影响间歇灌溉的灌水定额，在灌水周期数一定时，循环率的确定应以降低土壤入渗能力、取得最佳间歇灌溉效果和便于管理为原则，使下一个周期灌水前田面无积水，并形成完整的致密层。实际进行间歇灌溉时，每个供水周期内的灌水时间可为 30~60 min。为便于间歇灌溉设备的运行和田间操作，循环率一般取 1/2 或 1/3。在总放水时间较短或土壤透水性较差、田面糙率较大时，循环率可取 1/4。循环率确定后，停水时间（周期间歇时间）为

$$T_{off} = \left(\frac{1}{\gamma} - 1 \right) T_{on} \tag{4-22}$$

（3）灌水流量。灌水流量常以单宽流量 [L/(s·m)] 表示。影响灌水流量的主要因素包括土壤入渗性能、田块规格及坡度等。根据水量平衡法的基本原理，间歇灌溉时，在地表水流推进过程中的任意时刻，进入畦（沟）的水量应等于地表储水体积 V_y 与累计入渗体积 V_z 之和。即

$$Q_0 t = \sigma_y A_0 + \sigma_z \kappa t^\alpha x \tag{4-23}$$

式中，Q_0 为入畦（沟）流量（m^3/s）；t 为地表水流推进时间（h）；A_0 为畦（沟）入口处的水流断面面积（m^2）；σ_y 为地面储水形状因子，通常 $\sigma_y = 0.7 \sim 0.8$；σ_z 为地下入渗形状因子，通常 $\sigma_z = 0.8 \sim 0.9$；α、κ 为 Kostiakov 入渗公式（$I = \kappa t^\alpha$）中的经验参数；x 为地表水流推进距离（m）。

间歇灌溉试验和模拟计算结果表明，在土壤为结构良好的中壤土、轻壤土、沙壤土情况下，随着入畦（沟）单宽流量的增加，间歇灌溉的灌水质量评价指标呈现先增后降的趋势。当单宽流量小于 2 L/(s·m) 时，灌水质量评价指标均较低，灌水质量较差；而当单宽流量大于 4 L/(s·m) 时，所有的灌水质量评价指标开始出现下降趋势。对于畦灌，考虑到较大的入畦流量对表层土壤的冲刷、侵蚀作用，适宜的单宽流量应保持在 2~4 L/(s·m)，以便获得较佳的灌溉效果。对于沟灌，随着入沟流量的增加，间歇灌溉的灌水质量评价指标的变

化趋势类似于畦灌，较小的或较大的入沟流量均会使灌水质量变差，间歇灌溉的适宜入沟流量应根据沟断面尺寸在 $1.5 \sim 3.0$ L/(s·m) 进行选择。一般而言，短畦（沟）取较小的流量，长畦（沟）取较大的流量。

（4）总灌水时间 T_s。间歇灌溉的总灌水时间等于各供水周期的灌水时间之和。其计算公式为

$$T_s = \left(1 - \frac{R}{100} \right) T_c \qquad\qquad (4-24)$$

式中，R 为间歇畦灌相对连续畦灌的节水率（%），通过试验确定；T_c 为连续畦灌的灌水时间（min），也可用同等田间条件下连续灌水时间的 70%~90% 进行估算。

2. 间歇灌溉的控制方式

（1）间歇灌溉自动控制。间歇灌溉自动控制是用装有间歇阀和自控装置的设备，在灌水期间按预定的计划时间交替进行放水和停水，直至灌水结束。该控制方式用于低压管道输水的自流灌区效果更好。在管理水平和生产条件允许的情况下，应推广低压管道的间歇灌溉技术。

（2）间歇灌溉人工控制。间歇灌溉人工控制就是采用传统连续灌时开、堵畦（沟）口的办法，按间歇灌溉要求向畦（沟）放水。采用此种控制方式完成一次灌水，需多次开、堵畦（沟）口，不仅费工，而且灌水人员的劳动强度大，但不需增加设备投资，仅将一般连续灌水改为间歇灌水即可，对于衬砌渠道的灌区更加有效。

3. 间歇灌溉的田间灌水方法

（1）定时段—变流程法。每个灌水周期的放水流量及放水时间一定，而每个灌水周期的水流新增推进长度不等。目前间歇灌溉多采用这种方法。

（2）定流程—变时段法。每个灌水周期的水流新增推进长度和放水流量相等，而每个灌水周期的放水时间不等。

（3）定流程—变流量法。在第一个灌水周期内增大放水流量，使水流快速推进到总畦的 3/4 处停水，在以后的几个放水周期中，按定时段—变流程法或定流程—变时段法，以较小流量进行灌水，完成全畦（沟）灌水过程。

（三）间歇灌溉设备

间歇灌溉系统一般由水源、间歇阀、自控器和田间输配水管道等组成，其中，间歇阀、自控器是整个系统的核心，称为间歇灌溉设备。

1. 间歇阀

目前，国内外生产的间歇阀主要有两种类型：一类是气囊阀，以水力或气体驱动为动力；另一类是蝶形机械阀，以水力或电力驱动为动力。各类阀体的结构如图 4-7 所示。

水动式气囊阀靠供水管道中的水压运行，控制器改变阀门内每只气囊的水压。一只气囊受到水的压力时，充气膨胀，关闭其所在一侧的水流，而对面的另一只气囊打开并连通大气，排气变小而使水流通过其所在一侧流出。蝶形机械阀的构造各式各样，有向右或向左转动分水的单叶蝶形机械阀，也有交替开关向右或向左转动分水的双叶蝶形机械阀。这些阀门

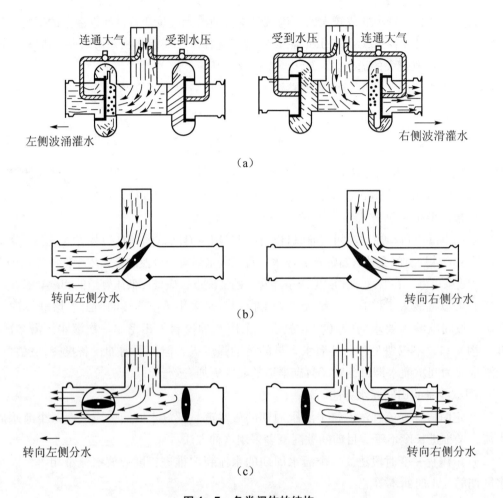

图4-7 各类阀体的结构

(a) 水动式气囊阀；(b) 单叶蝶形机械阀；(c) 双叶蝶形机械阀

以蓄电池、空气泵或内带可充电电池作为动力。双叶蝶形机械阀具备水流换向功能，同时双叶蝶形机械阀关闭时又具有切断水流运动的控制功能，所以采用双叶蝶形机械阀不仅可使设备作为间歇灌溉系统的硬件使用，还可结合自控器的功能，实现灌区田间输配水系统的自动化管理。

双叶蝶形机械阀的主要构件有：

（1）驱动器。驱动器由两台微型直流电动机组成，分别控制左、右两个阀门的启闭状态。

（2）减速器。间歇阀的两个阀门由同一个控制器和两个相同的变速器控制。

（3）阀门。阀门为带有周边止水垫圈的圆形阀门，中心轴两端经止水轴承分别与阀体和减速箱连接。阀体为主体结构，类似于三通。

（4）其他。如止水垫圈、止水橡胶等。

2. 自控器

自控器是间歇阀工作的控制中心，它接收外界参数，通过运算，对间歇阀发出操作指令。其中，控制电路板及软件是自控器的核心部分，负责控制直流电动机，实现阀门的关闭与开启。自控器的主要组成包括：

（1）电源。电源由太阳能电池板、4 A/6 V 蓄电池和低压差抗电源反接稳压器组成。

（2）主控部分。主控部分以微控制器为核心，由键盘和显示器组成。通过键盘设置系统时间、起始工作时间、每次放水时间和停水时间、间歇次数，以及选择阀门工况等。

第三节　田间工程规划

灌区田间工程规划是以改善农业生产条件，建设旱涝保收、高产稳产农田，实现"高产、优质、高效"，适应农业现代化需要为目标，以健全和改进田间灌排渠系、实现治水改土为主要内容，对山、水、田、林、路等进行全面规划、综合治理的一项农田基本建设规划。

一、田间工程规划的原则

田间工程要有利于调节农田水分状况、提高土壤肥力和实现农业现代化。为此，田间工程规划应遵循以下原则。

（1）有完善的田间灌排系统，做到灌排配套、运用自如，消灭串灌、串排，并能控制地下水位，防止土壤过湿和发生土壤次生盐渍化现象，有利于农业生产机械化，达到保水、保土、保肥的目的。

（2）田面平整，灌水时土壤湿润均匀，排水及时，田面不留积水。

（3）田块的形状和大小要适应农业现代化的需要，有利于农业机械作业和提高土地利用率。

（4）田间工程规划是农田基本建设规划的重要内容，必须在农业发展规划和水利建设规划的基础上进行。

（5）必须着眼长远、立足当前，既要充分考虑农业现代化的要求，又要满足当前农业生产发展的实际需要，全面规划，分期实施，以实现当年增产。

（6）必须因地制宜、讲求实效，要有科学、严谨的态度，注重调查研究，走群众路线。

（7）田间工程规划要以治水改土为中心，实行山、水、田、林、路综合治理，创造良好的生态环境，促进农、林、牧、副、渔全面发展。

二、条田规划

末级固定灌溉渠道（农渠）和末级固定沟道（农沟）之间的田块称为条田，有的地方称为耕作区（或方田）。它是进行机械耕作和田间工程建设的基本单元，也是组织田间灌水的基本单元。各地区的自然条件不同，田间灌溉渠系的组成和规划布置也有很大差异，必须根据具体情况因地制宜地进行条田规划。

1. 平原和圩区的田间渠系

(1) 条田规划的基本要求。

① 排水要求。在平原地区,当降水强度大于土壤入渗速度时,地面就会产生积水。积水深度和积水时间超过作物允许的淹水深度和淹水时间,就会危害作物生长。在地下水位较高的地区,上升毛管水到达作物根系,会导致土壤过湿。地下水矿化度较高,还会引起表土层积盐。为了排除地面积水和控制地下水位,常常开挖排水沟。排水沟应有一定的深度和密度。若排水沟太深,则容易坍塌,管理和维修困难。因此,农沟作为末级固定沟道时,间距不能太大,一般为 100~200 m。

在采用地下排水的区域,管道布设位置、密度、材质等需要按照区域排水目标合理选定与设计。

② 机耕要求。机耕不仅要求条田形状方正,还要求条田具有一定的长度。若条田太短,拖拉机开行长度太小,则转弯次数多,生产效率低,机械磨损大,消耗燃料多。条田太长,控制面积过大,不仅会增加平整土地的工作量,而且由于灌水时间长,灌水和中耕不能密切配合,会增加土壤蒸发损失,在有盐碱化威胁的地区还会加剧土壤返盐。根据实际测定,拖拉机开行长度小于 400 m 时,生产效率显著降低。但当开行长度大于 800 m 时,用于转弯的时间损失所占比重很小,提高生产效率的作用已不明显。因此,从有利于机耕这一因素考虑,条田长度以 400~800 m 为宜。

③ 田间用水管理要求。在旱作地区,特别是机械化程度较高的大型农场,为了灌水后能及时中耕松土,减少土壤水分蒸发,防止深层土壤中的盐分向表层聚积,一般要求一块条田能在 1~2 d 灌水完毕。从便于组织灌水的角度考虑,条田长度以不超过 600 m 为宜。

综上所述,条田大小既要考虑除涝防渍和机耕要求,又要考虑田间用水管理要求,宽度一般为 100~200 m,长度以 400~800 m 为宜。

(2) 斗渠、农渠的规划布置。

① 斗渠的规划布置。斗渠的长度和控制面积随地形的不同而变化很大。山区、丘陵区的斗渠较短,控制面积较小。平原地区的斗渠较长,控制面积较大。我国北方平原地区一些大型自流灌区的斗渠长度一般为 3~5 km,控制面积为 200~350 hm^2。斗渠的间距主要根据机耕要求确定,与农渠的长度相适应。

② 农渠的规划布置。农渠一般垂直斗渠布置。农渠长度根据机耕要求确定,在平原地区通常为 500~1 000 m,间距为 200~400 m。丘陵地区农渠的长度和控制面积较小。在有控制地下水位要求的地区,农渠间距根据农沟间距确定。

③ 灌溉渠道和排水沟道的配合。灌溉系统和排水系统的规划要互相参照、互相配合、通盘考虑。斗渠、农渠和斗沟、农沟的关系更为密切,其配合方式根据地形条件有以下几种。

a. 灌排相邻布置。在地面向一侧倾斜的地区,渠道只能向一侧灌水,排水沟也只能接纳一边的径流,灌溉渠道和排水沟道只能并行,上灌下排,互相配合。灌排相邻布置如图 4 - 8（a）所示。

b. 灌排相间布置。在地形平坦或有微地形起伏的地区，宜把灌溉渠道和排水沟道交错布置，沟和渠都是两侧控制，工程量较省。灌排相间布置如图 4 - 8（b）所示。

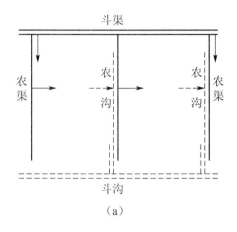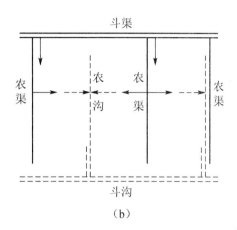

图 4 - 8　沟渠配合方式
（a）灌排相邻布置；（b）灌排相间布置

上述两种布置都是灌排分开的形式，其主要优点是有利于控制地下水位。这不仅对北方干旱、半干旱地区十分重要（可以防止土壤盐碱化），对南方地区也很重要。因为地下水位过高、土温降低、土壤冷浸、通气和养分状况变坏，会严重影响作物生长，对水稻的生长也十分不利。同时，因为灌排分开布置时可按各自需要分别进行控制，两者没有矛盾，故有利于及时灌排。因此，灌排分开布置是平原和圩区条田布置的主要形式，应积极推广。

c. 灌排合渠布置。灌排合渠布置只有在地势较高、地面有相当坡度的地区或地下水位较低的平原地区才适用。在这种条件下，不需要控制地下水位，灌排矛盾小。图 4 - 9 为地面坡度较大地区的灌排合渠布置。在这种情况下，格田之间有一定高差；灌排两用渠沿着最大地面坡度方向布置（可根据地面坡度和渠道坡降，分段修筑跌水），控制左、右两侧格田，起又灌又排的作用，可以减少占地面积并节省渠道工作量。

（3）田间渠系布置。田间渠系是指条田内部的灌溉网，包括毛渠、输水沟，以及灌水沟、畦等。田间渠系布置形式有以下两种。

① 纵向布置。毛渠布置与灌水沟、畦的方向一致，灌溉水从毛渠流经输水沟，再进入灌水沟、畦。毛渠一般沿地面最大坡度方向布置，使灌水方向和地面最大坡度方向一致，为灌水创造有利条件。在有微地形起伏的地区，毛渠可以双向控制，向两侧输水，以减少土地平整工程量。纵向布置适用于灌水沟、畦的坡度大于 1/400 的地形。地面坡度大于 1/100 时，为了避免田面土壤冲刷，毛渠可与等高线斜交，以减小毛渠和灌水沟、畦的长度。田间渠系的纵向布置如图 4 - 10 所示。

② 横向布置。灌水方向和农渠平行，毛渠布置和灌水沟、畦方向垂直，灌溉水从毛渠

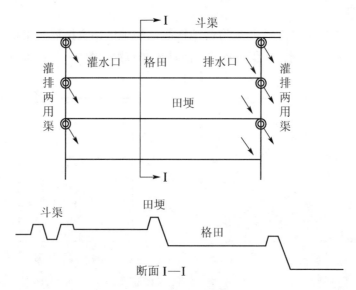

图 4 - 9　灌排合渠布置

直接流入灌水沟、畦，如图 4 - 11 所示。这种布置方式省去了输水沟，减小了田间渠系的长度，可节省土地和减少田间水量损失。一般当灌水沟、畦坡度小于 1/400 时，宜选用横向布置。毛渠一般沿等高线方向布置或与等高线有一个较小的夹角，使灌水沟、畦和地面坡度方向大体一致，这样有利于田间灌水。

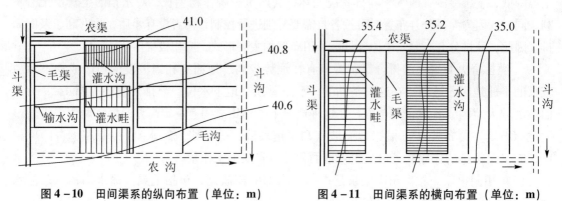

图 4 - 10　田间渠系的纵向布置（单位：m）　　　图 4 - 11　田间渠系的横向布置（单位：m）

在以上两种布置形式中，纵向布置适用于地形变化较复杂、土地平整度较差的条田；横向布置适用于地面坡向一致、坡度较小的条田。总之，田间渠系布置形式的选择要综合考虑地形、灌水方向，以及农渠和灌水方向的相对位置等因素。

（4）灌水沟、畦与格田规格。灌水沟、畦规格宜分区进行专门试验，也可根据当地或邻近地区的实践经验确定。

① 旱作灌溉畦田长度、单宽流量和畦田比降，应根据土壤透水性选定。畦田不应有横坡，其宽度应为农业机具宽度的整倍数且不宜大于 4 m，选用水平畦灌、间歇灌溉或长畦分

段短灌时，沟、畦规格应通过试验与理论计算相结合的方法确定。

②水稻区的格田规格：长度宜取 60~120 m，宽度取 20~40 m；山区和丘陵区的水稻区可根据地形、耕作条件及土地平整投入能力等进行适宜调整；水稻区的格田长边宜沿等高线布置，每块格田均应在渠沟上设置独立的进水口及排水口。

（5）土地平整。在实施地面灌溉的地区，为了保证灌水质量，必须进行土地平整。通过平整土地，削高填低，连片成方，不仅可改善灌排条件，还可改良土壤，扩大耕地面积，适应机耕需要。所以，土地平整是治水、改土、建设高产稳产农田的一项重要措施。

2. 山区和丘陵区的田间渠系

山区和丘陵区坡陡谷深，岗冲交错，地形起伏变化大，一般情况下，排水条件好，而干旱往往是影响农业生产的主要问题。但在山丘之间的冲田地势较低，在多雨季节山洪汇集，容易造成洪涝灾害。另外，冲、谷处的地下水位一般较高，常常形成冷浸田和烂泥田。因此，田间渠系的布置必须全面解决旱、涝、渍的问题。

山区和丘陵区的农田，按其地形部位不同，可分为岗、坡、冲、畈四种类型。岗地位置高，坡田位于山冲两侧的坡地上，冲田在两岗之间的地势最低处，冲沟下游和河流两岸地形逐渐平坦，常为宽广的平畈区。

山区和丘陵区的支斗渠一般沿岗岭脊线布置。农渠垂直于等高线，沿坡田短边布置。坡田是层层梯田，两田之间有一定高差，农渠上修筑跌水衔接。农渠多为双向控制。坡田地势较高，排水条件好，所以农渠多是灌排两用的。每一个格田都设有单独的进水口与出水口，以消灭串灌、串排。图 4-12 为山区和丘陵区田间渠系布置的一般形式。

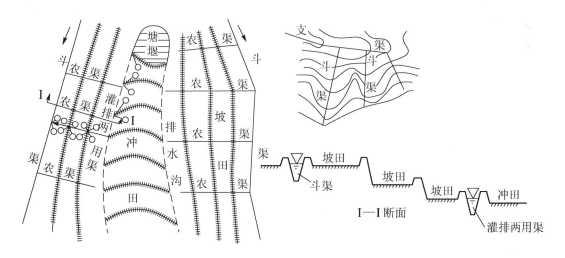

图 4-12　山区和丘陵区田间渠系布置的一般形式

三、井渠结合灌溉网

井渠结合是指渠水与井水联合运用的一种灌溉方式。其优点是：可充分利用水资源，提高灌溉用水保证率，保证作物适时灌溉，并有利于灌区调控地下水位，防止灌区土壤盐碱化，消除渍涝等灾害，促进灌区农业生产发展。20 世纪 70 年代，井渠结合灌溉在我国北方有很大发展。河南省人民胜利渠灌区，河北省石津灌区，山东省位山灌区，陕西省泾、洛、渭各灌区都由原来的纯渠灌区发展为井渠结合灌区。

1. 井渠结合的规划原则

（1）要合理开采地下水，在正确评价地下水可开采资源的基础上，进行合理的井灌规划，并合理确定年开采量和井渠结合的灌溉面积。

（2）做到地面水与地下水资源统筹安排、全面规划，总的原则应是充分利用地面水，合理开采地下水。

（3）地下水的开发利用，必须坚持浅、中、深结合，合理布局，分层取水，优先开发浅层水，且与旱、涝、碱的治理统一规划，兼顾兴利与除害。

（4）注意保护地下水源，布设地下水观测网，随时监测区域地下水动态。对地下水的利用和回补措施要同时考虑，做到采补结合，以维持地下水量的动态平衡。

（5）井渠结合灌区，井灌与渠灌应结合为一套系统，井水入渠后应统一调配，集中使用。

2. 井渠结合灌溉网的布置

（1）以渠为主，以井补渠。在井渠双灌区，井网的规划布置应以地面田间固定灌溉渠道（斗渠、农渠）为骨架，井网走向与潜水流向垂直或斜交，沿渠道布置；采用梅花形或方格形布井。图 4 - 13 为井渠规划布置示意图。井位应靠近沟、渠、路、林布置，设在田边地角上，以利于机耕，便于管理，少占用耕地。为了方便输水，一般应将井位选在较高处，以便于控制较大的灌溉面积。在井渠结合灌区，要把井位排列成直线，最好与渠道相间布置。这样，井灌抽水可以有效地降低地下水位，有利于防治土壤盐碱化。

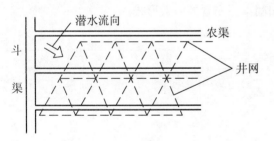

图 4 - 13　井渠规划布置示意图

（2）以井为主，以渠补井。这种布置以开采利用地下水进行井灌为主，以地面水补充地下水的不足。在这类灌区，根据地形条件，井灌田间渠系一般有两种布置形式。第一种布置形式是井位在灌溉土地的中心，向四周供水，适用于平坦地形或中间高、两边低的地形。第二种布置形式是井位设在灌溉土地的一侧，向一个方向灌水，适用于地面坡度较大并向一侧倾斜的地形。为了减少渠道渗漏损失，井灌田间渠系应做好衬砌防渗工作，或采用地下暗管系统。引用地面水的渠道布置，应服从井网布置的要求，并沿井灌区较高处或靠近有储水构造的贫水地段，以及可补给地下水的坑塘、沟槽等处布置，以加强对地下水的补给。

总之，应当根据灌区的水文地质条件分区规划、分区布置。在地下水储量丰富、地下水位较高，并易于补给和开采的富水区，采用以井为主的井渠结合方式；在建井条件差、地表以下没有良好的储水构造或地下水质不良的区域，采用以渠为主的井渠结合方式。这种分区分片、因地制宜、井渠结合的方式，是充分利用地面水、合理利用地下水及调控地下水资源的有效方式。

四、田、林、路的规划布置

进行田间工程规划时，除合理规划布置田间灌排渠系外，还需同时考虑农村道路及林带的规划布置。农村道路是农田基本建设的重要组成部分，它关系到农业生产、交通运输、群众生活和实现农业机械化等方面。所以，必须在灌区田间工程规划中，对农村道路做出全面规划。乡镇范围内的农村道路一般可分为干道、支道、田间道和生产路四级，即"三道（通行拖拉机）一路（人行路或通行非机动车）"，其规格可参考表4－3。

表4－3　农村道路规格标准

道路分级	主要联系范围	依沟傍渠级别	行车情况	路面宽/m	路面高于地面/m
干道	县与乡、乡与乡之间	干、支渠（沟）或另选线	双车道	6～8	0.7～1.0
支道	乡与村之间	支渠（沟）	单车道加错车段回车场	3～5	0.5～0.7
田间道	村与村之间	斗渠（沟）、农渠（沟）	单车道	3～4	0.3～0.5
生产路	村与村之间、田间	农渠（沟）	不通行机动车	1～2	0.3

确定路面宽度时要因地制宜，在人少地多的地方，各级道路的宽度可比表4－3中的数值适当大些；有特殊运输任务的农村干道可按一般公路标准确定。

灌区内的农村机耕道（包括支道、田间道等）一般沿支渠（沟）、斗渠（沟）、农级灌排渠（沟）布置，沟、渠、路、林的配合形式应有利于排灌、机耕、运输、田间管理，且不影响田间作物光照条件。从沟、渠、路三者的相对位置来说，一般有沟—渠—路、沟—路—渠、路—沟—渠三种布置形式，如图4－14所示。

1. 沟—渠—路

道路布置在灌水田块的上端，位于斗渠一侧。这种布置形式对于农业机械入田耕作比较有利，而且目前可修较窄的道路，今后随着农业机械化程度的提高，道路拓宽比较容易。但机耕道要跨过所有的农渠，必须修建较多的小桥或涵管。

2. 沟—路—渠

道路布置在灌水田块的下端，界于灌、排渠沟之间。这种布置形式的优点是道路与末级固定沟渠（农渠、农沟）均不相交；缺点是农业机械进入田间必须跨越沟渠，需修较多的交叉建筑物，且今后机耕道拓宽也比较困难。

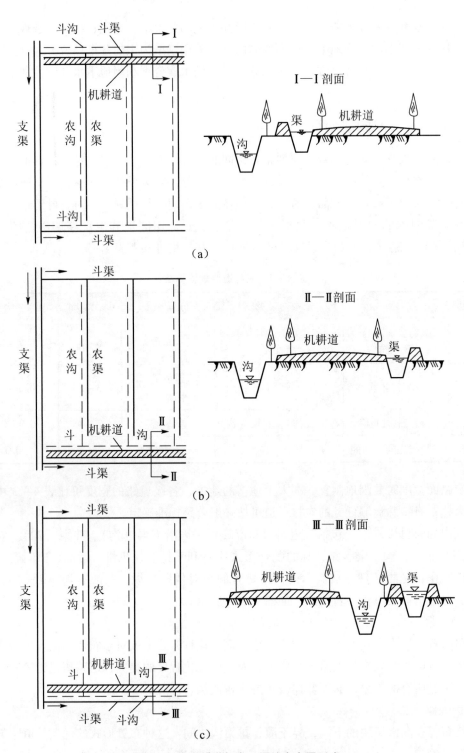

图 4-14　机耕道与沟、渠结合布置形式

（a）沟—渠—路形式；（b）沟—路—渠形式；（c）路—沟—渠形式

3. 路—沟—渠

道路布置在灌水田块的下端，位于排水沟的上侧。这种布置形式的优点是有利于农业机械入地，而且今后道路拓宽比较容易；缺点是道路要与农排相交，需要修建桥涵等交叉建筑物，影响排水。雨季若排水不畅，田块和道路容易积水或受淹。

选择布置形式时应因地制宜，一般宜选沟—渠—路或路—沟—渠这两种布置形式。

斗渠、农渠的外坡空地应栽种树木，田间道路的两侧宜植树绿化。

本章小结

本章针对我国目前普遍采用的地面灌溉技术，从经济指标、灌水质量指标等评价指标，常见灌溉形式和田间工程规划等方面进行了详细的阐述。主要内容包括地面灌溉的含义，评估地面灌溉节水技术的指标，畦灌、沟灌、淹灌、间歇灌溉等常见的地面灌溉形式及其技术要素，田间工程规划的原则，条田、井渠结合农田的渠系规划要求，田、林、路的规划布置等。本章内容有助于读者系统了解我国现阶段地面灌溉工程的发展状况，也可为读者开展田间工程规划提供整体思路。

复习思考题

1. 如何评估地面灌溉节水技术？
2. 地面灌溉节水技术的主要形式有哪些？它们各有什么优缺点？
3. 不同地面灌溉节水技术的要点有哪些？
4. 简述水稻节水灌溉技术。
5. 如何进行地面灌溉工程的田间规划？

第五章 喷灌技术

本章提要

　　喷灌技术具有省水、增产、适应性强、省工省地、可调节田间小气候、便于实现机械化和自动化等优点，目前被广泛应用于地面起伏相对较大、土壤渗透性较强、作物对环境湿度要求相对较高、劳动力相对欠缺的地区。喷灌系统规划设计根据收集的基本资料和喷灌系统的性能、技术指标、设计原则、技术要求等进行。

主要内容

　　1. 喷灌工程技术要素。
　　2. 喷灌系统的技术与性能指标。
　　3. 喷灌系统规划设计流程及案例。

学习目标

　　1. 掌握：喷灌系统要素计算、喷灌系统技术特点。
　　2. 了解：喷灌系统规划设计内容、喷灌规划设计原则、固定式喷灌系统规划设计方法。

第一节　喷灌技术概述

一、喷灌技术的定义和特点

（一）喷灌技术的定义

　　喷灌技术是将有压水通过压力管道输送到农田，经喷头喷射到空中形成细小水滴，均匀地洒布在农田上，以达到灌溉的目的。

（二）喷灌技术的特点

　　1. 喷灌技术的优点

　　喷灌技术具有省水、增产、适应性强、省工省地、可调节田间小气候、便于实现机械化和自动化等优点，目前被广泛应用于地面起伏相对较大、土壤透水性较强、作物对环境湿度要求相对较高、劳动力相对欠缺的地区。

　　（1）省水。喷灌技术可根据不同的土壤质地、湿度和灌水等需要，调整灌水量，实现高效定额灌溉。从技术上说，喷灌强度小于土壤入渗率，可以实现不产生深层渗漏和田面径流流失，达到保土、调湿、保肥的效果。喷灌灌水较均匀，田间灌水有效利用系数高，与地面灌溉技术相比，一般可节水 30%~50%，对透水性好的土壤，节水效果更为显著。

（2）增产。细小的水滴对土壤表层和作物叶面的打击力小，不致破坏土壤结构和损伤作物，土壤通气性好，微生物活跃，而且能按作物的需水要求较准确地控制和调节土壤水分，同时调节田间小气候，增加近地表层空气湿度。这些会促进作物的生长和发育，因此产量高。实践证明，对于粮食作物来说，使用喷灌技术可比使用地面沟畦灌溉技术增产 10%~30%。

（3）适应性强。喷灌技术适用于蔬菜、果园、苗圃和多种作物，对地形和土壤的适应性强。当地面坡度大于 1/300 时，采用地面灌溉技术就有困难，需要进行大量的土地平整工作，在土壤透水性好的地区，如采用地面灌溉技术，将有大量的灌溉水渗漏浪费，而喷灌技术不受地形和土壤的影响，在地形复杂、坡陡、土层瘠薄、渗漏严重、气象干旱频发、不适于地面灌溉的地区，更适于发展喷灌技术。

（4）省工省地。喷灌技术可减少土地平整工作量；田间渠道少，不打畦、不筑埂，田间工程量小；灌水效率高，节约劳力，少占耕地，土地利用率高。据统计，喷灌用工仅为地面灌溉的 1/6，可节省土地 7%~13%。

（5）可调节田间小气候。喷灌技术通常是将水以水滴形式喷洒于田间或作物叶面，可防干热风、防霜冻和调节作物叶面温湿度等。

（6）便于实现机械化和自动化。喷灌技术有利于实现灌水机械化和自动化，还可进行喷肥、喷药等。

2. 喷灌技术的缺点

喷灌技术也有一些缺点，如需要一定量的压力管道和动力机械设备；单位灌溉水量能源消耗量大（自压喷灌则不需要动力机械及热电能源）；初期投资大，运行维修费高，技术性强，需有一定的技术人员操作和管理。此外，喷灌受风的影响大，在风速大于 3 级时，应慎重选择喷灌。

因此，喷灌技术的发展受到人力、物力、财力、技术和自然条件的限制。但随着生产发展、生产力结构变化、城市化进程加快和国民经济建设需求增加等，喷灌技术将会在我国得到稳步、健康的发展。

二、喷灌系统的组成和分类

（一）喷灌系统的组成

喷灌系统是从水源取水，将水通过管道输送、分配到田间进行喷灌的水利工程设施。

河流、水库、池塘、湖泊、渠道、井泉等只要能满足灌溉用水水质要求，都可作为喷灌水源。水泵和动力机是喷灌系统的加压设备，为喷灌灌水器提供工作压力。管道的作用是将压力水流输送到喷头的设备。喷头是将有压集中水流喷出并粉碎成细小水滴，使其均匀地洒落在田间的设备上。保护及控制装置的作用是在保证喷灌系统安全的前提下，使喷灌系统按照不同灌溉制度合理、安全地运行。

（二）喷灌系统的分类

1. 按获得的压力方式分类

（1）机压喷灌系统。机压喷灌系统是靠水泵和动力设备给水加压，使系统获得喷头工作压力的喷灌系统。

（2）自压喷灌系统。自压喷灌系统是利用地形落差所形成的自然水头为喷头提供工作压力的喷灌系统。自压喷灌系统的优点是不用水泵和动力设备，不消耗热电能源，操作维修方便，运行费用少，适用于山区、丘陵区和塬坡地区。

2. 按管道可移动程度分类

（1）固定式喷灌系统。在固定式喷灌系统中，除喷头外，其余组成部分均固定不动，各级管道被埋入地下，支管上设有竖管，根据轮灌计划，喷头轮流安设在竖管上进行喷洒。固定式喷灌系统的优点是操作方便，易于维修管理，多用于灌水频繁、经济价值高的蔬菜园、果园、经济作物或园林工程中。其缺点是管材用量多，投资大，竖管对耕作有一定的影响。

（2）移动式喷灌系统。在移动式喷灌系统中，除水源工程外，水泵和动力机、各级管道、喷头保护及控制装置等都可拆卸移动。喷灌时，在一个田块上作业完毕，依次转到下一个田块作业，轮流灌溉。移动式喷灌系统的优点是设备利用率高，管材用量少，投资小。缺点是设备拆装和搬运工作量大，维修复杂，搬运时还会损坏作物，劳动强度相对较大。

（3）半固定式喷灌系统。在半固定式喷灌系统中，喷头和支管是可移动的，其他各组成部分都是固定的，干管埋入地下。喷灌时，将带有喷头的支管与安装在干管上的给水栓连接进行灌溉，并按计划顺序移动支管位置，轮流灌溉。半固定式喷灌系统的优点是设备利用率较高，管材用量较少，是国内外广泛使用的一种较好的喷灌系统，特别适用于大面积喷灌工程建设。

3. 按设备组成分类

喷灌系统按其设备组成，可分为管道式喷灌系统和机组式喷灌系统两类。一个完整的管道式喷灌系统一般由水源工程、水泵和动力机、管道、喷头、保护及控制装置等组成。机组式喷灌系统是由水泵、动力机、管道、喷头、机架和移动部件等配套组合的一种灌水装置。其按喷洒特征，机组式喷灌系统又可分为定喷机组式喷灌系统和行喷机组式喷灌系统两种。

（1）定喷机组式喷灌系统。喷灌机组沿田间渠（管）道移动，并在预先设置渠（管）道的工作地做定点喷洒，喷完一处，再移动到另一工作地喷洒，轮流作业。喷灌机组可带单喷头，也可带多喷头；可人工移动，也可用机械移动。这种系统的优点是机动灵活，设备利用率高，造价低，是目前我国主要使用的一种喷灌形式。其缺点是劳动强度大，田间渠道占地多。

（2）行喷机组式喷灌系统。行喷机组式喷灌系统的优点是喷灌机组在自行移动的过程中进行喷洒，机械化和自动化程度高，灌水效率高，节省人力，受风的影响较小，均匀度高，适用于土地开阔平坦、田间障碍物少的地区。其缺点是能源消耗大，一次性投资高，技术性强。目前我国采用的行喷机组式喷灌系统主要有中心支轴式（亦称时针式）、平移式和绞盘式等。

三、喷头与管道

（一）喷头

喷头又称喷灌器，是喷灌系统的专用设备。喷头质量对喷灌质量有直接影响，应慎重选用。

1. 喷头的种类

（1）按工作压力分。喷头按工作压力可分为低压喷头、中压喷头和高压喷头，其特点及应用范围如表5-1所示。

表5-1　喷头的特点及应用范围

类 别	工作压力/kPa	射程/m	流量/（m³/h）	特点及应用范围
低压喷头（又称为近射程喷头）	<200	<15.5	<2.5	射程近，水滴打击强度小，主要用于苗圃、菜地、温室、草坪、园林、自压喷灌的低压区或行喷机组式喷灌系统
中压喷头（又称中射程喷头）	200~500	15.5~40	2.5~32	喷灌强度适中，适用范围广，果园、草地、菜地、大田及各类经济作物种植区均可使用
高压喷头（又称为远射程喷头）	>500	>40	>32	喷洒范围大，但水滴打击强度大，多用于喷洒质量要求不高的大田作物和草原牧草等

（2）按结构形式和喷洒特征分。喷头按结构形式和喷洒特征可分为旋转式喷头、固定式微喷头和喷洒孔管三类。

① 旋转式喷头。旋转式喷头绕自身铅直线旋转，边旋转边喷洒，水从喷嘴喷出时，呈集中射流状，故射程远，是中远射程喷头的基本形式。根据旋转驱动机构的特点，其可分为摇臂式喷头（图5-1）、叶轮式喷头和反作用式喷头三种。其中摇臂式喷头使用最广泛。旋转式喷头有单喷嘴和多喷嘴两种形式。按有无换向机构，旋转式喷头还可分为全圆喷洒式和扇形喷洒式两种形式。

② 固定式微喷头。固定式微喷头在喷洒时，所有部件无相对运动，喷出的水流呈全圆或扇形向四周散开。其特点是射程近、雾化程度高、喷灌强度大。根据结构和喷洒特点，固

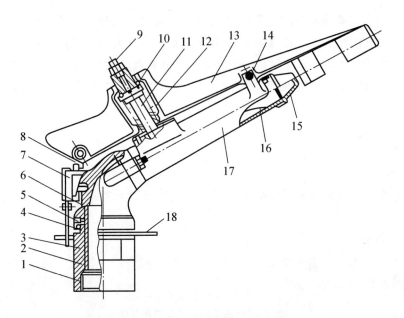

1—空心轴壳；2—减压密封圈；3—空心轴；4—防沙弹簧；5—弹簧架；6—喷体；7—换向器；

8—反转钩；9—摇臂调位螺钉；10—弹簧座；11—摇臂轴；12—摇臂弹簧；13—摇臂；14—打击块；

15—喷嘴；16—稳流器；17—喷管；18—限位环。

图 5 – 1 单喷嘴带换向机构的摇臂式喷头的结构

定式微喷头可分为折射式喷头和缝隙式喷头两种，如图 5 – 2 所示。图中 h 为缝隙高度，φ 为缝隙宽度，d 为直径。

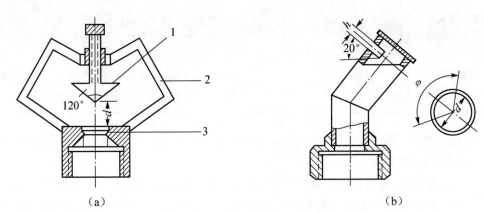

（a）　　　　　　　　　　　　　　　　（b）

1—散水锥；2—支架；3—喷嘴。

图 5 – 2 固定式微喷头的结构

（a）折射式喷头；（b）缝隙式喷头

③喷洒孔管。喷洒孔管由一根或几根直径较小的管子组成，在管子上部钻一列或多列喷水孔，孔径为 1 ~ 2 mm，喷洒时，水流呈细小水股喷出。这种喷头结构简单，工作压力

低，但喷水强度大，受风的影响大，小孔易堵塞。

2. 喷头的主要水力参数

（1）喷头的工作压力和喷嘴压力。喷头的工作压力是指喷头前 20 cm 处测取的静水压力，单位为 kPa。喷嘴压力是指喷嘴出口处水流的总压力。两者差值的大小反映了喷头设计和制造水平，是评价喷头好坏的指标，两者的差值应小于 49 kPa。

（2）喷头流量。喷头流量是指单位时间内喷头喷出的水的体积，单位为 m^3/h 或 L/min。喷头流量主要取决于工作压力和喷嘴的直径。在喷嘴的直径一定时，工作压力越大，喷头流量越大，反之亦然。

喷头流量可用下式计算：

$$Q = 3\ 600\mu A \sqrt{2gh_P} \tag{5-1}$$

式中，Q 为喷头流量（m^3/h）；μ 为流量系数；A 为喷嘴过水面积（m^2）；g 为重力加速度，取 $9.81(m/s^2)$；h_P 为喷头工作压力水头（m）。

（3）射程。射程是喷头的一个重要水力性能参数，是指在无风时喷头的喷洒湿润半径，单位为米。测试时，将喷洒湿润边缘上喷灌强度等于平均喷灌强度 5% 的点至圆心的水平距离作为射程。它主要受喷头工作压力、旋转速度和风速的影响，在一定压力范围内，射程随压力增大而增大，随旋转速度和风速增大而减小。但超出一定压力范围后，压力增加时射程不会再增加，而只会提高雾化程度。

（二）管道

管道是喷灌系统的重要组成部分，不但用量多，而且投资所占比重大，是保证安全输水、正常喷灌的关键。管道按材料性质和使用方式可分为以下三类。

1. 金属管道

金属管道中可用作固定管道的有钢管、铸铁管，它们既可埋于地下，又可在地面铺设。金属管道中可用作移动管道的有薄壁铝管、铝合金管、镀锌薄壁钢管等。

2. 脆硬性管道

自、预应力钢筋混凝土管可作为固定管道埋于地下，也可在地面铺设。石棉水泥管只可作为地埋固定管道，不适于在地面铺设，通常用于系统或管道流量较大的情况。

3. 塑料管道

硬塑料管，如聚氯乙烯管、聚乙烯管、改性聚丙烯管等，主要作为埋于地下的固定管道。涂塑软管，如维塑软管和锦塑软管等，可作为移动管道使用。

在选用管道时，应注意管道与管件和控制件的配套，以便于安装和维修。

第二节 喷灌系统的技术指标与性能指标

一、喷灌系统的技术指标

喷灌是一种先进的灌水方法，具有省水、省工、地形和土壤类型适应性强的优点，而且可用来喷药，防夏季高温、干热风，调节田间小气候。喷灌适用于多种水源情况，实际应用中应根据喷灌水源合理地选择喷灌系统。在集雨窖灌工程中，喷灌主要适用于窖井联用地区的大田作物。一个完整的喷灌系统由水源供水工程、田间输配水工程和喷灌设备三部分组成。专用的喷灌设备种类很多，其中喷头与管道是主要组成部件。

喷灌系统设计通常受到较多因素影响。为了保证喷灌系统能够在均匀灌溉的同时，不对作物叶面造成损害，通常计算以下三个技术指标。

1. 喷灌强度

喷灌强度是指单位时间内喷洒在灌溉土地上的水深，单位为 mm/h。其计算公式为

$$\rho = \frac{1\,000q\eta}{S} \tag{5-2}$$

式中，q 为喷头流量（m³/h）；S 为一个喷头在单位时间内实际控制的有效湿润面积（m²）；η 为喷灌水利用系数，一般为 0.80 ~ 0.95，主要取决于喷灌水在空中的漂移损失。

一般要求喷灌强度小于或等于土壤入渗速度。各类土壤允许的喷灌强度如下：沙土为 20 mm/h，沙壤土为 15 mm/h，壤土为 12 mm/h，黏壤土为 10 mm/h，黏土为 8 mm/h。

2. 喷灌均匀度

喷灌均匀度常用 C_u 表示，是指喷灌面积上水量分布的均匀程度，它用百分数或小数表示。其计算公式为

$$C_u = 1 - \frac{|\Delta h|}{\bar{h}} \tag{5-3}$$

式中，$\bar{h}$ 为喷灌水深的平均值（mm）；Δh 为喷灌水深的平均离差（mm）。

国家标准规定，在设计风速下，对于平原区，$C_u \geqslant 85\%$ 才算喷灌均匀；对于山区，$C_u \geqslant 70\%$（对于行走式喷灌机，$C_u \geqslant 85\%$）才算喷灌均匀。

3. 水滴打击强度

水滴打击强度是指单位受水面积内，水滴对作物和土壤的打击动能，一般用雾化指标或水滴大小反映。雾化指标的计算公式为

$$P_d = \frac{1\,000h_p}{d} \tag{5-4}$$

式中，P_d 为雾化指标；h_p 为喷头的工作压力水头（m）；d 为喷嘴的直径（mm）。

二、喷灌系统的性能指标

除了上述技术指标外，对于喷灌系统，通常还需要了解下列性能指标。

1. 喷灌系统工作压力

喷灌系统工作压力是合理设计系统及选择喷灌材料与设备的基础，它将直接影响喷灌系统的经济性及安全性。在喷灌系统中，通常喷头需要的工作压力为 0.20 ~ 0.55 MPa，若考虑局部损失和沿程损失，系统首部的压力应高于此数值。

2. 喷灌系统保护设备性能

喷灌系统通常工作在较高压力状态下，因此其安全性指标必须考虑。在喷灌系统中，应考虑水锤压力及局部应力问题。喷灌系统保护设备的性能指标必须满足要求。

3. 喷灌系统经济指标

为了保证喷灌系统满足灌溉及其他要求，如喷洒农药、清洗叶面，必须考虑其经济指标。喷灌系统经济指标通常包括单位能耗、系统折旧等。

第三节　喷灌系统规划设计

一、喷灌系统规划设计的内容

（一）喷头的布置形式

喷头的布置形式亦称组合形式，一般用四个相邻喷头在平面位置上的组合图形表示。喷头的基本布置形式有六种，如图 5 – 3 所示。采用矩形布置时，应尽可能使支管间距 b 大于喷头间距 a，并使支管垂直于风向布置。当风向多变时，应采用正方形布置，此时 $a = b$。采用正三角形布置时，$a > b$，这对节省支管不利。

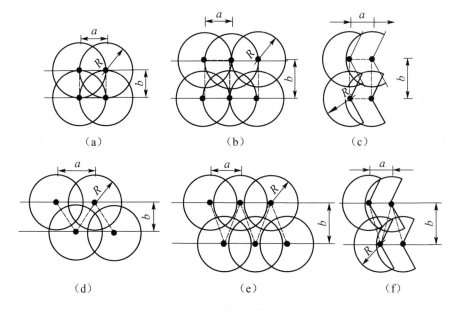

图 5 – 3　喷头的基本布置形式示意图

（a）全圆喷洒正方形布置；（b）全圆喷洒矩形布置；（c）扇形喷洒矩形布置；
（d）全圆喷洒正三角形布置；（e）全圆喷洒等腰三角形布置；（f）扇形喷洒等腰三角形布置

不论采用哪种布置形式，其组合间距都必须满足规定的喷灌强度及喷灌均匀度的要求，并做到经济、合理。我国规定的满足喷灌均匀度要求的喷头组合间距如表 5 – 2 所示。

喷头的喷洒方式有全圆喷洒和扇形喷洒两种。全圆喷洒的喷点控制面积大，喷头间距大，移动次数少，喷灌效率和劳动生产率都较高，一般固定式喷灌系统采用这种喷洒方式。但采用全圆喷洒时，人们需要在泥泞的田间行走、装卸、搬移喷头及喷水管，工作条件差，故半固定式喷灌系统与移动式喷灌系统一般采用单喷头或多喷头扇形喷洒方式。另外，在固定式喷灌系统的地边田角，要采用180°、90°或其他角度的扇形喷洒，以避免喷到界外和道路上，造成浪费。在坡度较陡的山丘区，不应向上而要向下做扇形喷洒，以免冲刷坡面土壤；当风力较大时，应做顺风向的扇形喷洒，以减小风的影响。

表5-2 我国规定的满足喷灌均匀度要求的喷头组合间距

设计风速/(m/s)	喷头组合间距	
	垂直风向	平行风向
0.3~1.6	R	$1.3R$
1.6~3.4	$(1~0.8)R$	$(1.3~1.1)R$
3.4~5.4	$(0.8~0.6)R$	$(1.1~1.0)R$

注：1. R 为喷头射程（m）。

2. 在每一挡风速中可按内插法取值。

3. 在风向多变、采用等间距组合时，应选用"垂直风向"栏内的数值。

4. 表中的设计风速是指地面以上10m处的风速。

（二）管道的布置

在固定式喷灌系统、半固定式喷灌系统中，视灌溉面积的大小对管道进行分级。灌溉面积大时，管道可布置成总干管、干管、分干管和支管四级，或布置成干管、分干管、支管三级。灌溉面积较小时，管道一般布置成干管和支管两级。支管是田间末级管道，支管上安装喷头。对管道的布置应考虑以下因素。

（1）干管应沿主坡方向布置，一般支管应垂直于干管。在平坦地区，支管的布置应尽量与耕作方向一致，以减少竖管对机耕的影响。在山丘区，支管平行于等高线布置，干管垂直于等高线布置。

（2）支管上各喷头的工作压力要一致，或在允许的误差范围内。一般要求喷头之间的出流量差值不应大于10%，即要求支管上各喷头之间的工作压力之差不大于20%。因此，支管不宜太长，以保证喷灌质量。如果支管能取得适当的坡度，使地形落差抵消支管的摩阻损失，则可增加支管长度，但需经水力计算确定。

（3）管道的布置应考虑各用水单位的要求，方便管理，有利于组织轮灌和迅速分散水量。抽水站应尽量布置在喷灌系统的中心，以减少各级输水管道的水头损失。

（4）在经常有风的地区，支管的布置应与主风向垂直，喷灌时可加密喷头间距，以补偿风造成的喷头横向射程的缩短。

（5）管道的布置应充分考虑地块形状，力求支管长度一致、规格统一。管线的纵剖面应平顺，减少折点，避免产生负压。管道的总长度应尽量减小，以使造价降低。各级管道应有利于水锤的防护。

二、规划设计的主要原则与技术要求

（一）主要原则

（1）结合实际情况，根据灌溉水源的可供水量进行灌溉工程的总体规划，力求单位水量达到最大的增产效益。

（2）灌区总体布置应尽可能兼顾防洪、除涝、排渍、水电、航运、工业、城市供水等各方面的要求。

（3）按投资少、效益大的原则，选定灌溉工程方案。

（4）灌区总体规划应考虑所涉及的各方面问题。

（5）灌区水资源的开发利用应符合全流域水利规划和生态环境保护原则。

（二）技术要求

（1）灌溉设计保证率。根据当地的自然条件和经济条件确定，但不应低于75%。

（2）管道灌溉系统水利用系数。井灌区的管道灌溉系统水利用系数不应低于0.95，渠灌区的管道灌溉系统水利用系数不应低于0.90。

（3）田间水利用系数。田间水利用系数不应低于0.85。

（4）灌溉水利用系数。井灌区的灌溉水利用系数不应低于0.80，渠灌区的灌溉水利用系数不应低于0.70。

（5）规划区灌水定额。规划区灌水定额根据当地的试验资料确定，在无资料地区，可参考邻近地区的试验资料确定。

三、规划设计成果

完成后的规划设计应包括以下主要技术成果。

（1）编制依据、原则、工程范围。

（2）自然条件与水利工程现状。

（3）取水水源条件分析论证。

（4）项目建设规模的分析论证。

（5）项目工程（包含水源、管网、田间、沟、渠、路、林等工程）总体布局。

（6）典型设计。针对项目所确定的建设内容，提供项目涉及的相关各类工程的接近初步设计深度的典型设计。

（7）依据典型设计成果，获得项目总体设计成果并将其作为工程估算的依据。

（8）投资估算、经济效益、财务分析，以及主要经济指标、社会效益和环境效益分析。

（9）建设资金筹措及分摊建议。

（10）工程建设进度及分期实施安排意见。

（11）运行管理措施分析论证。

（12）结论与建议，包括对上述内容和相应非工程性措施，以及必要的研究项目的建议。

根据获批的项目建议书、可行性研究报告的分析论证、结论和建议，专家的评审意见，以及主管部门的审查决策意见，一般应该编制规划设计任务书作为该项工程规划设计的法定依据。规划设计任务书必须具有一定的准确性，其投资估算和扩大初步设计概算的出入不应大于10%，否则上级部门应该对项目重新进行评估决策。

四、喷灌系统设计

喷灌系统设计流程如图5-4所示。

（一）喷灌工作制度

1. 计算设计灌水定额

设计灌水定额按下式计算：

$$m = \frac{10H(\theta_{max} - \theta_{min})}{\eta} \tag{5-5}$$

式中，m 为设计灌水定额（mm）；H 为土壤计划湿润层厚度（cm），大田作物为40~60 cm；θ_{max} 为适宜土壤含水量上限（以占土层体积百分数计），相当于田间持水量；θ_{min} 为适宜土壤含水量下限（以占土层体积百分数计），相当于田间持水量的60%~70%；η 为喷灌水利用系数，一般取0.7~0.9。

2. 确定田间灌水周期与喷头在工作点处的喷洒时间

两次灌水的时间间隔称为灌水周期。设计灌水周期可按下式计算：

$$T = \frac{m\eta}{e} \tag{5-6}$$

式中，T 为设计灌水周期（d）；e 为作物日平均需水量（mm/d）；其余符号的意义同前。

喷头在工作点处的喷洒时间可按下式计算：

$$t = \frac{m}{\overline{P}} \tag{5-7}$$

式中，t 为喷头在工作点处的喷洒时间（h）；$\overline{P}$ 为喷灌系统的平均喷灌强度（mm/h）；M 的意义同前。

3. 计算同时工作的喷头数和支管数

同时工作的喷头数可按下式计算：

$$N = \frac{At}{S_1 S_t TC} \tag{5-8}$$

式中，N 为同时工作的喷头数；A 为整个喷灌系统的面积（m²）；C 为一天中喷灌系统的有效工作小时数（h）；S_1 为支管间距（m）；S_t 为喷头间距（m）；其余符号的意义同前。

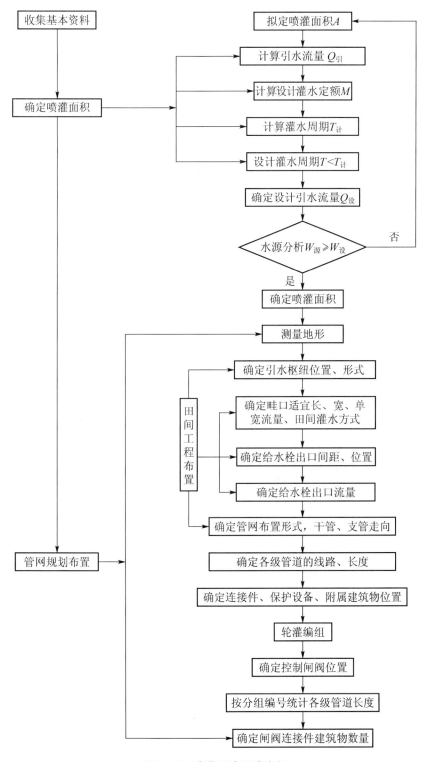

图 5－4 喷灌系统设计流程

同时工作的支管数可按下式计算：

$$N_\text{支} = \frac{N}{n} \qquad\qquad (5-9)$$

式中，n 为一根支管上的喷头数；N 的意义同前。如果计算出的 $N_\text{支}$ 不是整数，则应考虑减少同时工作的喷头数或适当调整支管的长度。

4. 确定支管轮灌方式

支管轮灌方式不同，干管中通过的流量就不同。适当选择支管轮灌方式，可以减小部分干管的直径，降低投资。对于半固定式喷灌系统，支管轮灌方式就是支管移动方式。例如，有两根支管同时工作时，可以有三种方案。

（1）两根支管从地块一头齐头并进，如图 5-5（a）和图 5-5（b）所示，干管从头到尾的流量等于两根支管流量之和。

（2）两根支管由地块两端向中间交叉前进，如图 5-5（c）所示。

（3）两根支管由中间向两端交叉前进，如图 5-5（d）所示。

显然，后两种方案只有前半根干管通过的流量等于两根支管流量之和，而后半根干管通过的流量只等于一根支管的流量，这样就可以减少干管的投资。因此，后两种方案更优越。

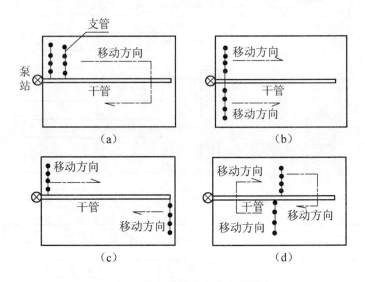

图 5-5　支管轮灌方式布置图

（a）（b）两根支管从地块一头齐头并进；（c）两根支管由地块两端向中间交叉前进；
（d）两根支管由中间向两端交叉前进

（二）工程设计实例

1. 喷灌工程设计实例

项目区喷灌工程共涉及灌溉面积 213 亩（1 亩 ≈ 666.7 m^2），主要满足良种繁育任务；独立水源首部采用独立自动控制系统，田间采用固定式喷灌系统。

（1）设计灌水定额和设计灌水周期的确定。项目区主要以良种种植为主，机井控制面积 213 亩。喷灌系统设计说明如下。

① 系统设计参数。根据固定式喷灌区的作物种植情况，确定系统设计参数如下：

土壤计划湿润层厚度 $H = 50$ cm。

适宜土壤含水量上限 $\theta_{max} = 85\% \, \theta_{田}$。

适宜土壤含水量下限 $\theta_{min} = 65\% \, \theta_{田}$。

田间持水量（重量比）$\theta_{田} = 24\%$。

喷灌水利用系数 $\eta = 0.9$。

作物日平均需水量 $e = 4.5$ mm/d。

土壤容重 $\gamma = 1.4$ g/cm^3。

② 设计灌水定额。

$$m = \frac{1\,000\gamma H\theta_{田}(\theta_{max} - \theta_{min})}{\eta}$$

$$= \frac{1\,000 \times 1.4 \times 0.50 \times 24\% \times (85\% - 65\%)}{0.90}$$

$$\approx 37.33 \ (\text{mm})$$

$$= 24.89 \ (\text{m}^3/\text{亩})$$

③ 设计灌水周期。

$$T = \frac{m\eta}{e}$$

代入数值计算得 $T = 7.47$（d），这里取 8 d。

（2）管网系统设计。

① 喷头选择。根据国内外喷头性能及该项目区的特点，喷头选用摇臂式喷头，喷嘴直径为 2.6 mm、1.8 mm，采用双喷嘴全圆喷洒方式，工作压力为 0.2 ~ 0.4 MPa，流量为 576 L/h，射程为 9.5 m，灌溉强度为 4.8 mm/h。

② 管网布置。管网以单井为一个独立单元进行布置，输水干管尽量沿道路或田块边界布置，分干管垂直于作物种植行向布置，干管与分干管通过电磁阀及阀门连接，支管平行于作物种植行向布置，支管的布置尽量利用并考虑田间的畦埂及边界，支管通过三通与分干管连接。区域内按照满足大田灌溉要求完成管网布置。

③ 喷头组合间距确定。喷头全部采用全圆喷洒方式及矩形布置。项目区灌溉季节平均风速为 3.2 m/s，主风向为西北风或西风。根据相关规范和项目区实际情况，支管间距 $b = 1.2 \times 9.5 = 11.4$（m），喷头间距 $a = 1.1 \times 9.5 = 10.45$（m）。设计取支管间距 b 为 10 ~ 12 m，喷头间距 a 为 10 ~ 12 m。

④ 调节和保护设备。每个单井系统管网首部均设置逆止阀、总控制阀、进排气阀、泄压阀、减压持压阀、施肥（药）器、过滤器、压力表等，干管和分干管平直且无分水管道时，每 200 m 设置一个伸缩节，在三通、弯头、闸阀等处设置镇支墩，在管网系统最低处设置排水阀和排水井，用于维修或灌溉结束后放空管道，防止冬季冻坏管道。

（3）单井固定式喷灌典型设计。

① 系统工作制度。

a. 每次同时工作的喷头数。

该井的出水量为 63 m³/h，单喷头流量为 0.576 m³/h，则每次同时工作的喷头数为 109.4（个），取 109 个。

b. 喷头在一个工作点处的喷洒时间为

$$t = \frac{abm}{1\,000q}$$

代入数值计算得 $t = 8.4$（h），则 1 d 2 个轮灌组灌溉 16.8 h，共灌溉 6 d。

c. 轮灌组划分。系统采用轮灌工作制度，喷灌系统轮灌组编制结果如表 5-3 所示。

表 5-3 喷灌系统轮灌组编制结果

井号	轮灌次序	支管编号	灌水时间/h	流量/（m³/h）	天数
#1	1	分区 1	8.4	55.1	第一天（日工作时间为 16.8 h）
	2	分区 2	8.4	57.6	
	3	分区 3	8.4	52.3	第二天（日工作时间为 16.8 h）
	4	分区 4	8.4	52.3	
	5	分区 5	8.4	50.6	第三天（日工作时间为 16.8 h）
	6	分区 6	8.4	50.6	
	7	分区 7	8.4	49.6	第四天（日工作时间为 16.8 h）
	8	分区 8	8.4	48.5	
	9	分区 9	8.4	56.4	第五天（日工作时间为 16.8 h）
	10	分区 10	8.4	57.9	
	11	分区 11	8.4	57	第六天（日工作时间为 16.8 h）
	12	分区 12	8.4	58.8	

以上为典型设计。

② 系统工作参数验证。

a. 喷灌强度。根据上述布置结果，项目区的喷灌强度为

$$\overline{P} = \frac{q}{ab}$$

代入数值计算得 $\overline{P} = 4.8$（mm/h）。

式中，$\overline{P}$ 为喷灌强度（mm/h）；其他符号的意义同前。区域土壤容许最大入渗速度为 12 mm/h，$\overline{P}$ 小于土壤入渗能力。

b. 雾化指标：

$$\rho = \frac{h_p}{d} = 3\,692$$

式中，h_p 为喷头的工作压力水头（mm）；d 为主喷嘴的直径（mm）。ρ 满足大田作物对物化指标的要求。

③ 管道流量推算。管道流量推算由支管末端逐级管道上推，结果如表 5–4 所示。

表 5–4　喷灌系统管网水力计算结果

节点编号	管道类别	管道流量/(m³/h)	管道长度/m	管径/mm	水头损失 沿程损失/m	水头损失 局部损失/m	地形高差/m	工作压力/m	水泵扬程及实际压力/m
首部（J0）					10.00		0	61.99	65
J0 – J1	干管	58.8	20.26	110	0.65	0.06	0.3	51.58	53.59
J1 – J2	干管	58.8	88.88	110	2.83	0.28	0.2	48.66	50.67
J0 – J3	干管	58.8	211.92	110	6.75	0.68	0.5	41.73	43.75
J3 – J4	干管	58.8	6.16	110	0.20	0.02	0.7	42.22	44.23
J4 – J5	干管	58.8	5.56	110	0.18	0.02	– 0.4	41.62	43.63
J2 – J6	干管	58.8	214.9	110	6.85	0.68	0.6	34.69	36.70
J5 – J7	干管	58.8	93.58	110	2.98	0.30	0.3	31.71	33.72
J7 – J8	干管	58.8	8.82	110	0.28	0.03	– 0.3	31.10	33.11
J6 – J9	干管	58.8	111.96	110	3.57	0.36	0.3	27.47	29.49
J9 – J10	支管	58.8	76.25	110	2.43	0.24	0.2	25.00	27.01

以上为典型设计管网水力计算。

④ 管材和管径选择。固定式喷灌系统地埋固定管道耐压能力应满足喷灌工程规范要求，可选择耐压能力大于等于 0.8 MPa 的硬聚氯乙烯塑料管，干管和分干管均埋设于地下。管径的选择原则是在满足设计流量和压力的前提下，使系统投入费用最少。管材及管径的计算统计表如表 5–5 所示。

表 5–5　管材及管径的计算统计表

管　　名	管　　材	管径/mm	壁厚/mm	设计最大流量/(m³/h)	设计流量/(m/s)
干管 1	硬聚氯乙烯	110	3.4	60	58.8
干管 2	硬聚氯乙烯	110	3.4	60	58.8
支管	硬聚氯乙烯	110	3.4	60	58.8

⑤ 管网水力计算。根据管网布置及地形情况，选择最不利情况下的轮灌组进行水力计算，沿程水头损失采用公式 $h_f = 0.948 \times 10^5 LQ^{1.77}/D^{4.77}$（$L$ 为管道长度，Q 为管道流量，D 为管道内径）计算，管道局部水头损失按沿程损失的 10% 计算。

⑥ 水锤防护。项目区水泵出口通过逆止阀与首部连接，管网在适当位置设置进排气阀，双层防护能够防止管网出现水锤现象。

⑦ 水泵设计扬程计算。

$$H_{总} = h_p + \sum h_i + \sum h_j + \sum h_{首} + h_{泵管} + H + Z$$

式中，$H_{总}$ 为水泵设计扬程（m）；h_p 为喷头工作压力（m）；$\sum h_i$ 为沿程水头损失之和（m）；$\sum h_j$ 为局部水头损失之和（m）；$\sum h_{首}$ 为首部损失之和（m）；$h_{泵管}$ 为泵管水头损失（m）；H 为计算点与首部枢纽高差（m）；Z 为静水位与管网出口高差（m）。

于是系统轮灌组最大流量为 60 m³/h。

⑧ 水泵选型。根据上述计算结果，水泵采用 150GD 型水泵，额定流量为 60 m³/h，扬程为 65 m。

2. 微喷灌工程设计实例

微喷灌工程设计灌溉面积 150 亩，作物为盛果期猕猴桃，设计说明如下。

（1）灌水定额计算。

① 设计参数选择。

灌溉区域的土壤为中壤土，其设计参数选择如下。

土壤容重 $\gamma = 1.40$ g/cm³。

田间持水量（重量比）$\theta_{田} = 24\%$。

土壤计划湿润层厚度 $H = 0.4$ m。

设计湿润比 $P = 40\%$。

适宜土壤含水量上限（占田间持水量）$\theta_{max} = 85\% \theta_{田} = 24\% \times 85\% = 20.4\%$。

适宜土壤含水量下限 $\theta_{min} = 65\% \theta_{田} = 24\% \times 65\% = 15.6\%$。

作物日平均需水量 $e = 4.5$ mm/d。

喷灌水利用系数 $\eta = 0.9$。

② 设计灌水定额。设计灌水定额为

$$m = \frac{1\,000\gamma HP(\theta_{max} - \theta_{min})}{\eta}$$

计算得 $m = 29.87$（mm）$= 19.91$（m³/亩）。

③ 设计灌水周期。设计灌水周期为

$$T = \frac{m\eta}{e}$$

计算得 $T = 5.97$（d），这里取 6 d。

（2）灌水器选择。选用的微喷头工作参数如表 5-6 所示。

表 5 - 6　微喷头工作参数

工 作 参 数	数 值
工作压力/m	20
流量/(L/h)	41
半径/m	3.2

（3）管网布置及管材选择。各级管道按照垂直向布置原则布置，即区域内的毛管平行于果树种植方向，支管垂直于毛管方向（垂直于行），干管垂直于分干管。

根据上述布置原则和方法完成系统布置。考虑到系统的经济性，毛管间距为 4 m，田间毛管布置长度为 115~122 m。

干管及分干管采用地埋固定管道，均选用 0.6 MPa 的硬聚氯乙烯塑料管，支管选用 0.6 MPa 的 φ75 聚氯乙烯管，毛管选用 φ20 聚乙烯管，管道的耐压能力为 0.4 MPa。管径的选择原则是在满足设计流量和压力的前提下，使系统投入费用最少。

干管连接处设置一个伸缩节，在三通、弯头、闸阀等处设置镇墩，每条支管首部设置控制阀（选用电磁阀）和阀门井，在管网最低处设置排水阀和排水井。

（4）一次灌水延续时间计算。一次灌水延续时间为

$$t = \frac{m_{\text{毛}} S_e S_l}{q}$$

式中，t 为一次灌水延续时间（h）；$m_{\text{毛}}$ 为毛灌水定额（mm）；S_e 为喷头间距，取 3 m；S_l 为毛管间距，取 4 m；q 为灌水器流量，取 41 L/h。

代入数值计算得 $t = 29.87 \times 3 \times 4/41 \approx 8.7$（h）。

这里取 $t = 9$（h）。每天 2 个轮灌组，每组灌溉 9 h，共需 4 d 灌完。

（5）系统工作制度。根据区域地形及机井控制面积等资料，本井轮灌组工作设计结果如表 5 - 7 所示。

表 5 - 7　本井轮灌组工作设计结果

井　号	轮灌次序	灌水时间/h	流量/(m³/h)	天　数
#1	1	9	46.1	第一天
	2	9	45.9	
	3	9	42.3	第二天
	4	9	44.1	
	5	9	42.6	第三天
	6	9	45.7	
	7	9	44.4	第四天
	8	9	44.4	

以上为典型设计。

（6）管网水力计算。按照从最不利路径计算方法，根据设计流量，为满足一期用水需要，在联合供水条件下，考虑区域内灌水器均匀度的要求，分别推算出管网上各个节点处的压力。其中，主要计算管道中水流的沿程水头损失和局部水头损失，其他以 10 m 计。微喷灌管网水力计算结果如表 5-8 所示。

表 5-8　微喷灌管网水力计算结果

节点编号	管道类别	管道流量/（m³/h）	管道长度/m	管径/mm	水头损失		地形高差/m	工作压力/m	水泵扬程及实际压力/m
					沿程损失/m	局部损失/m			
首部（J0）						10.00	0	31.85	39
J0 - J1	干管	46.1	15.71	110	0.33	0.03	0.3	21.79	25.94
J1 - J2	干管	46.1	7.69	110	0.16	0.02	0.2	21.81	25.97
J2 - J3	干管	46.1	4.42	110	0.09	0.01	0.5	22.21	26.37
J3 - J4	干管	46.1	121.02	110	2.51	0.25	0.7	20.15	24.31
J4 - J5	干管	46.1	96.82	110	2.01	0.20	-0.4	17.55	21.70
J5 - J6	干管	46.1	49.22	110	1.02	0.10	0.6	17.03	21.18
J6 - J7	干管	46.1	102.11	110	2.12	0.21	0.3	15	19.15

毛管允许最大铺设长度为

$$L_m = N_m S + S_0 = 40 \times 3 + 2 = 122 \quad (m)$$

干支管采用

$$h_f = \frac{fLQ^m}{d^b}$$

$$h_j = 0.1 h_f$$

式中，h_f 为沿程水头损失（m）；h_j 为局部水头损失（m）；Q 为管道流量（m³/h）；d 为管道内径（mm）；L 为管道长度（m）；m、b 为指数。

（7）水泵设计扬程计算。水泵设计扬程为

$$H_总 = h_p + \sum h_f + \sum h_j + \sum h_首 + h_{泵管} + H$$

式中，$H_总$ 为水泵设计扬程（m）；h_p 为滴头工作压力（m）；$\sum h_f$ 为沿程水头损失之和（m）；$\sum h_j$ 为局部水头损失之和（m）；$\sum h_首$ 为首部损失之和（m）；$h_{泵管}$ 为泵管水头损失（m）；H 为计算点与首部枢纽高差（m）。

以上为典型设计管网水力计算。

（8）机泵设备选型。根据上述水力计算，水泵流量为 50 m³/h，管道加压泵选择

150GD50－39/3。根据水泵流量，设计选用自动清洗网式过滤器和离心过滤器两级过滤。施肥采用统一施肥，并利用三通道施肥机施肥。为了便于进行灌溉管理，管道加压泵选择 15 kW 变频控制器调压。

（9）附属建筑物设计。

① 保护设备。为了防止水泵突然关闭或其他事故导致水倒流，应在系统首部设逆止阀。同时，为防止停泵时管内积水倒流产生负压将管子吸扁，应在管道首部设组合式空气阀。另外，在地形变化较大处应增设真空阀。

② 沉沙池。灌溉结束后，为排空管内淤沙，在管网最末端低处设置一侧留有出水口的沉沙池。沉沙池应低于埋管 0.3 m。

③ 管槽规格。考虑本地区的防冻及耕作要求，管槽开挖深度为 80 cm，宽度为 60 cm，并使管槽底部平直、无硬坎。

④ 闸阀井。在管道分支处设闸阀井，规格为 1 m×1 m×1 m。

本章小结

　　本章围绕喷灌这一先进的节水灌溉技术，从其特点，喷灌系统的组成、分类，喷头的种类、主要水力参数，喷灌管道的类型，喷灌系统的要素、工作压力、保护设备与经济指标等方面进行了全面阐述。与此同时，在详细介绍喷头布置形式、管道系统布置、喷灌系统规划设计原则与技术要求和喷灌系统设计流程的基础上，通过实例讲述喷灌系统设计的整个过程。本章内容有助于学生全面了解喷灌技术的各个环节，并明确喷灌系统设计的基本框架。

复习思考题

1. 什么是喷灌技术？它有什么特点？
2. 喷灌系统有哪些技术指标？
3. 喷灌系统规划设计的主要内容有哪些？
4. 喷灌系统规划设计的主要原则和技术要求分别是什么？

第六章 微灌技术

本章提要

微灌是按照作物需求，通过管道系统与安装在末级管道上的灌水器，将水和作物生长所需的养分以较小的流量，均匀、准确地直接输送到作物根部附近土壤的一种灌水方法。微灌系统是一类相对复杂和精细的灌溉系统，需要经过规划设计、现场勘测、校核修订、施工安装、调试复核及日常管理与维护才能正常工作。

主要内容

1. 微灌技术要素、微灌系统的组成与分类。

2. 微灌工程规则设计，包括管网水力计算、管网参数确定、首部枢纽和输配水管网布置。

3. 微灌工程施工与运行。

4. 地下渗灌技术。

学习目标

1. 掌握：滴灌、微喷灌和渗灌的适用条件、类型和工程系统组成，微灌系统首部枢纽、输配水管网、田间管网和毛管的布置原理及方法，微灌系统灌溉制度、设备和管网参数的确定。

2. 熟悉：微灌系统规划与设计的方法和步骤。

3. 了解：地下渗灌的原理、技术指标和渗水器的类型。

第一节 微灌系统

一、微灌的类型和特点

（一）微灌的类型

根据灌水器类型及湿润灌溉区土壤的方式不同，微灌可分为滴灌、微喷灌和涌泉灌三种类型，如图6-1所示。

1. 滴灌

滴灌是通过安装在毛管上的滴头或滴灌带等灌水器使水流成水滴状滴入作物根区土壤的灌水方法。滴头滴水位置周围的土壤水分接近饱和状态，并借毛细管作用向四周扩散。湿润

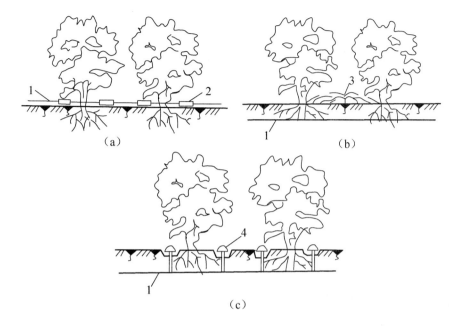

1—毛管；2—滴头；3—微喷头；4—稳流器。

图 6 - 1　微灌的类型

（a）滴灌；（b）微喷灌；（c）涌泉灌

土体的大小和几何形状取决于土壤性质、滴头灌水量和土壤前期含水量等因素。

2. 微喷灌

微喷灌是将灌溉水通过微喷头喷洒在植物枝叶上或植株冠下地面上的灌水方法，简称微喷灌。它与喷灌的主要区别在于微喷头的工作压力低、流量小，在果园灌溉中湿润全部或部分土壤，故将其归属于微灌范畴。

3. 涌泉灌

涌泉灌或小管出流灌水是通过安装在毛管上的稳流器（涌水器）而形成的小股水流，以涌泉方式进入土壤表面，通过专用灌水沟灌溉地面或直接灌溉地面的灌水方法。它的灌水器（稳流器）流量比滴灌滴头流量大，一般都超过土壤入渗速度。为防止产生地表径流，需在灌水器附近挖掘小的灌水坑以暂时储水。涌泉灌可避免灌水器堵塞，适合于中等以上行距作物，如林木、果树。

（二）微灌的特点

1. 微灌的优点

（1）省水。微灌系统全部采用管道输水，可以严格控制灌水量，而且仅湿润作物根域部分土壤，所以能大量减少棵间土壤蒸发和杂草对土壤水分的消耗，完全避免深层渗漏。因此，其具有显著的节水效益，一般可比地面灌省水 50% 以上；与喷灌相比，受风影响小，漂移损失小，故可省水 15%～25%。

（2）节能。微灌的灌水器一般工作压力仅 50～150 kPa，比喷灌低得多，且灌溉水有效利用率高。因此，在井灌区和提水灌区，微灌可显著降低能耗。

（3）对土壤和地形的适应性强。微灌采用压力管道输水，所以能适应各种复杂地形；可根据不同的土壤入渗速度和作物需求调节灌水流量，所以能适应各种土质。

（4）增产幅度大、品质好。微灌仅局部湿润土壤，不破坏土壤结构，不使土壤表层板结，并可结合灌水施肥，使土壤的水、肥、气、热状况得到有效的调节，为作物生长提供良好的环境条件。因此，微灌一般可比其他灌水方法增产 30% 左右。

（5）可利用咸水灌溉。实践证明，在灌溉水含盐量为 2～4 g/L 时，实施滴灌的作物仍能正常生长，而不受危害。但长期使用咸水，会使湿润带外围土壤积盐，需定期用淡水冲洗，不具备冲洗条件时不宜采用咸水微灌。

2. 微灌的缺点

（1）灌水器孔径小，一般只有 0.5～1.0 mm，很容易被水中的杂质堵塞。因此，微灌对水质要求较高，水一般要经过过滤才能使用。

（2）微灌只湿润部分土壤，而作物根系的生长又有向水性，这样就会导致作物根系集中向湿润区生长，从而对根系发育产生影响。作物根系生长受到限制，不利于作物对天然降水的吸收利用。

（3）微灌系统需要管道及灌水器较多，投资较高。

（4）微灌对调节田间小气候的作用不明显。

二、微灌技术要素

（一）灌溉保证率

灌溉保证率是由传统地面灌溉引申出来的概念。其含义是灌溉系统能够满足作物需水要求的程度。传统地面灌溉系统主要是输配水工程，其灌溉保证率主要看灌溉水源的来水量保证程度，很少考虑工程的完好率及系统的能力。而微灌这种灌溉方法与传统地面灌溉有所不同，它需要一套专用的设备来实施灌溉，作物需水要求的满足程度不仅和水源的来水量有关，而且和灌溉系统的能力及设备的完好程度有关，故此时灌溉保证率的含义比传统地面灌溉有所增加，包含了水源来水量的保证程度和灌溉设备的保证程度两个方面。

微灌主要用于水资源缺乏和劳动力短缺的地区和果树、蔬菜、棉花等设施作物，而且微灌需要一套专用设备实施更精准的灌溉，因此其灌溉保证率应高于传统地面灌溉保证率。如果灌溉水源来水量充足，灌溉系统应充分满足作物需水要求，即灌溉设备的保证程度一般按 100% 考虑。对于以井水为水源的微灌系统，如果设计依据是最低动水位，则系统总的灌溉保证率是 100%，如果以灌水期的平均水位为设计依据，则应按相应统计资料计算其设计保证率。对以地面水为水源的微灌系统，灌溉设备的保证程度仍应按 100% 考虑，并且总的灌溉保证率应以不低于传统地面灌溉保证率和喷灌保证率为宜。

2009 年，国家质量监督检验检疫总局与住房和城乡建设部联合发布的《微灌工程技术规范》（GB/T 50485—2009）中规定，微灌工程灌溉设计保证率应根据自然条件和经济条件确定，不应低于85%。

（二）设计耗水强度与设计灌溉补充强度

1. 概述

在作物生育期内，由于气候和作物生长的变化，各阶段的需水量不同。在设计中，只要滴灌系统能满足作物的高峰需水要求，就可满足作物全生育期的需水要求，一般情况下均应按作物的高峰需水要求进行设计。滴灌设计耗水强度是确定滴灌系统最大输水能力的依据，是滴灌系统规划设计中一个非常关键的参数。设计耗水强度偏大，则系统投资增加；设计耗水强度偏小，则在作物需水高峰期无法满足作物需水要求，影响作物生长发育，造成减产和产品品质下降。在确定设计耗水强度时除必须考虑作物的需水要求外，还应考虑经济上的可行性。一般可根据下述原则，经具体分析后确定。

（1）凡有试验资料的，应根据试验资料确定。

（2）作物的需水规律并不因灌水方法的不同而改变，因此，有地面灌溉（或喷灌）试验资料的地方，完全可以有分析地加以利用。

（3）在滴灌条件下，作物的最高耗水量取决于作物的种类和当地的气候条件。通常是以需水高峰期（多年生作物为盛果期，一年生作物为花果期）的最大腾发量为基础，经济而科学的系统应设计成在这个时期内以最大能力连续运行。可取设计年灌溉季节月平均耗水强度峰值作为设计耗水强度。

（4）如果在作物需水高峰期有一定可靠的降水或地下水补给，可用灌溉补充强度进行设计。对于干旱、半干旱地区而言，这种情况并不多见，最好不用灌溉补充强度进行设计。

2. 设计耗水强度

设计耗水强度是指在设计条件下滴灌的作物耗水强度，一般取设计年灌溉季节月平均耗水强度峰值作为设计耗水强度，即

$$E_a = \max(\mathrm{ET}_{ci}) \tag{6-1}$$

式中，E_a 为设计耗水强度（mm/d）；ET_{ci} 为各月平均耗水强度（mm/d）。

式（6-1）为通用计算公式。可将计算时段和计算单位规定如下。

① 计算时段：作物生长旺盛期耗水强度最大的月份；

② 计算单位：日平均耗水强度（mm/d）。

3. 设计灌溉补充强度

作物生长所消耗的水来源于天然降水、地下水、土壤中原有的水和人工补给的水。微灌的设计灌溉补充强度是指为了保证作物正常生长必须由微灌提供的水量，以 mm/d 计。因此，微灌的设计灌溉补充强度取决于作物耗水量、降水量和土壤含水量等条件，可表示为

$$I_a = \mathrm{ET}_a - P_0 - S \tag{6-2}$$

式中，I_a 为微灌的设计灌溉补充强度（mm/d）；P_0 为有效降水量（mm/d）；S 为根层土壤

和地下水补给的水量（mm/d）。

但对于一般地区，作为设计状态，认为作物所消耗的水量全部由灌溉补充，此时有

$$I_a = ET_a \qquad (6-3)$$

（三）土壤湿润比

微灌是一种局部灌溉，灌溉时只湿润根区的部分土体，微灌湿润的土壤体积与计划湿润层土壤总体积之比称为土壤湿润比。实际应用中多以地下 15～30 cm 处有效湿润面积占作物种植区面积的百分数表示。其值与微灌的湿润模式有关，也与毛管和灌水器的布置形式等因素有关。

（四）灌水均匀度

为了保证微灌的灌水质量，灌水均匀度应达到一定的要求。在田间，影响灌水均匀度的因素很多，如灌水器工作压力的变化、灌水器的制造偏差、堵塞情况、水温变化、微地形变化等。目前，在设计微灌工程时能考虑的只有水力和灌水器的制造偏差这两个因素对灌水均匀度的影响。

微灌的灌水均匀度可以用克里斯琴森（Christiansen）均匀系数表示，即

$$C_u = 1 - \frac{\Delta q}{q_a} \qquad (6-4)$$

$$\Delta q = \frac{\sum\limits_{i}^{N} |q_i - q_a|}{N} \times 100\% \qquad (6-5)$$

式中，C_u 为克里斯琴森均匀系数（%）；q_a 为灌水器的平均流量（L/h）；Δq 为每个灌水器的流量与平均流量之差的绝对值的平均值（L/h）；q_i 为每个灌水器的流量（L/h）；N 为灌水器个数。

1. 只考虑水力因素影响时的设计灌水均匀度

只考虑水力因素影响时，微灌的克里斯琴森均匀系数（C_u）与灌水器的流量偏差率（q_v）存在一定的近似关系，如表 6-1 所示。

表 6-1　C_u 与 q_v 的关系

参　　数	数　　　值		
C_u	98%	95%	92%
q_v	10%	20%	30%

另外，在平地或均匀坡条件下微灌的灌水器的流量偏差率与工作水头偏差率的关系为

$$h_v = \frac{1}{x} q_v \left(1 + 0.15 \frac{1-x}{x} q_v \right) \qquad (6-6)$$

$$q_v = \frac{q_{max} - q_{min}}{q_a} \qquad (6-7)$$

$$h_v = \frac{h_{max} - h_{min}}{h_a} \quad\quad (6-8)$$

式中，h_v 为系统允许的压力偏差率（%）；x 为灌水器的流态指数；h_{max} 为灌水器的最大工作水头（m）；h_{min} 为灌水器的最小工作水头（m）；h_a 为灌水器的平均工作水头（m）；q_{max} 为相应于 h_{max} 时的灌水器的流量（L/h）；q_{min} 为相应于 h_{min} 时的灌水器的流量（L/h）；q_a 为灌水器的平均流量（L/h）。

若选定了灌水器，已知流态指数 x，并确定了 C_u，就可用式（6-6）至式（6-8）求出系统允许的压力偏差率 h_v，从而确定毛管的设计工作压力变化范围。

2. 设计灌水均匀度的确定

在设计微灌工程时，选定的灌水均匀度越高，灌水质量和水的利用率越高，系统的投资也越大。因此，设计灌水均匀度应根据作物对水分的敏感程度、经济价值、水源条件、地形、气候等因素综合分析确定。

建议设计灌水均匀度取值如下：只考虑水力因素的影响时，取 $C_u = 0.95 \sim 0.98$ 或 $q_v = 10\% \sim 20\%$；考虑水力和灌水器的制造偏差两个因素的影响时，取 $C_u = 0.9 \sim 0.95$。

（五）灌溉水利用系数

微灌的主要水量损失是由灌水不均匀和某些不可避免的因素造成的。对于微灌，灌溉水利用系数一般取 0.90 ~ 0.95。《微灌工程技术规范》（GB/T 50485—2017）规定，灌溉水利用系数，滴灌不应低于 0.90，微喷灌、涌泉灌不应低于 0.85。

（六）灌水器设计工作水头

灌水器设计工作水头是微灌系统设计与运行的重要技术参数之一，它实质上是反映微灌系统适应地形能力的一个重要参数。灌水器设计工作水头取值太大，微灌系统适应地形的能力可能被闲置，造成资金的浪费；灌水器设计工作水头取值太小，将会降低微灌系统适应地形的能力，灌水质量难以得到保证。目前，在生产实践中根据不同微灌类型，灌水器设计工作水头取值如下：滴灌灌水器设计工作水头通常取 8 ~ 10 m；微喷灌水器设计工作水头通常取 10 ~ 15 m；涌泉灌水器设计工作水头通常取 5 ~ 8 m。

在实际工程设计中应该根据微灌系统灌水区田面的平整情况及其面积灵活确定灌水器设计工作水头。

三、微灌系统的组成与分类

（一）微灌系统的组成

微灌系统通常由水源、首部枢纽、输配水管网和灌水器四部分组成，如图6-2所示。

1. 水源

河、湖、渠、塘、井等均可作为微灌的水源，但含污物、杂质和泥沙多的水源及其他不满足微灌水质要求的水源，应进行适当处理。为充分利用各种水源进行微灌，常需要修建专门的水源工程。

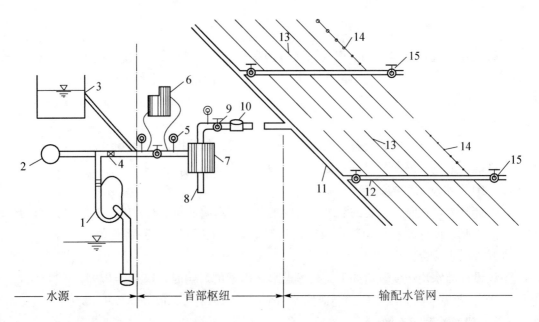

1—水泵；2—供水管；3—蓄水池；4—逆止阀；5—压力表；6—施肥罐；7—过滤器；
8—排污管；9—阀门；10—水表；11—干管；12—支管；13—毛管；14—灌水器；15—冲洗阀门。

图6-2 微灌系统组成示意图

2. 首部枢纽

首部枢纽通常由水泵及动力机、控制阀门、过滤器、施肥装置、测量和保护设备等组成，是全系统的控制调度中心。

3. 输配水管网

输配水管网一般分干管、支管、毛管三级管道，干管、支管承担输配水任务，通常埋在地下，毛管承担田间输配水和灌水任务，可埋入地下，也可放在地面，视具体情况和需要确定。

4. 灌水器

灌水器有滴头、微喷头、涌水器和滴灌带等多种形式，可置于地面，也可埋入地下。其相应的灌水方法称为滴灌、微喷灌和涌泉灌。灌水器可直接安装在毛管上或通过细小的微管与毛管连接。灌溉水流则经灌水器进入土壤湿润作物。

（二）微灌系统的分类

依毛管在田间的布置方式、各组成部分的移动性及灌水方式的不同，微灌系统可分为以下四类。

1. 地面固定式微灌系统

地面固定式微灌系统是指毛管布置在地面，在灌水期间毛管和灌水器均不移动的微灌系统，适用于条播作物和果园。该系统一般使用流量为 4~8 L/h 的单出水口滴头或流量为 2~4 L/h 的多出水口滴头，也可采用微喷头。其优点是装卸、清洗、检查均较方便；缺点是易损坏、老化和影响农事操作。

2. 地下固定式微灌系统

地下固定式微灌系统是指将毛管和灌水器（主要为滴头）全部埋入地下的微灌系统。其优点是不影响农事操作，不需要反复装卸，使用寿命较长；缺点是不能检查土壤湿润和灌水器堵塞的状况。

3. 移动式微灌系统

移动式微灌系统是指在灌水期间，毛管和灌水器由一个位置灌完后移向另一个位置的微灌系统。按移动毛管的方式，其又可分为人工移动式微灌系统和机械移动式微灌系统两种。其优点是与固定式微灌系统相比，投资较低；缺点是运行管理费用较高。

4. 间歇式微灌系统

间歇式微灌系统又称为脉冲式微灌系统，其工作方式是每隔一定时间喷一次水，灌水器流量比普通滴头流量大 4 ~ 10 倍。其优点是灌水器孔口较大，减少了堵塞；间歇灌水可避免产生地表径流和深层渗漏损失。缺点是灌水器制造工艺要求高，设备成本也较高。

四、微灌系统的设备

（一）灌水器

灌水器的作用是把末级管道中的压力水流均匀而又稳定地分配到田间，以满足作物对水分的要求。灌水器的质量直接关系到灌水质量和微灌系统的工作可靠性，因此，对灌水器的制造或选择均要求较高。主要要求如下：

（1）出水流量小，一般要求工作水头为 5 ~ 15 m，过水流道直径或孔径为 0.3 ~ 2.0 mm，出水流量在 240 L/h 以下；

（2）出水均匀而稳定；

（3）抗堵塞性能好；

（4）制造精度高；

（5）结构简单，便于装卸；

（6）坚固耐用，价格低廉。

国内常用的灌水器有以下几种。

1. 管间式滴头

管间式滴头简称管式滴头，属于长流道滴头（图 6 - 3）。它串接在两段毛管之间，成为毛管的一部分。水流通过长流道消能，在出水口以水滴状流出。为提高其消能和抗堵塞性能，流道可改内螺纹结构为迷宫式结构。

2. 孔口式滴头

孔口式滴头属于短流道滴头（图 6 - 4）。当毛管中压力水流经过孔口和离开孔口并碰到孔顶被折射时，其能量将大为消耗，而成为水滴状或细流状进入土壤。这种滴头结构简单、安装方便、工作可靠、价格便宜、适于推广。

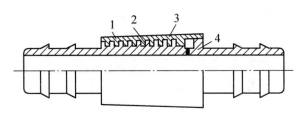

1—滴头套；2—滴头芯；3—螺纹流道槽；4—进水口。

图6-3 管间式滴头

3. 微管滴头

微管滴头属于长流道滴头，是把直径为0.8～1.5 mm的塑料管插入毛管，水在微管中流动消能，并以水滴状或细流状出流。微管可缠绕在毛管上，也可散放，可根据工作水头调节微管的长度，以达到均匀灌水的目的（图6-5）。但微管安装质量不易保证，微管易脱落丢失，堵塞后不易被发现，维修更困难。

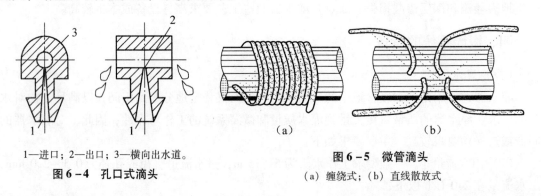

1—进口；2—出口；3—横向出水道。

图6-4 孔口式滴头

图6-5 微管滴头

（a）缠绕式；（b）直线散放式

4. 双腔毛管

双腔毛管又称为滴灌带，由内、外两个腔组成，内腔起输水作用，外腔只起配水作用。一般内腔壁上开直径为0.5～0.75 mm、距离为0.5～3.5 m的出水孔，外腔壁上的配水孔直径一般与出水孔径相同。配水孔数目一般为出水孔数目的4～10倍。双腔毛管如图6-6所示，图中Q为流量，q_i为第i个灌水器的流量，h_i为第i个灌水器处的压力。

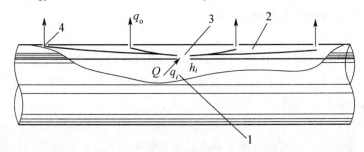

1—内腔；2—外腔；3—出水孔；4—配水孔。

图6-6 双腔毛管

近年来，农业实践中出现了一种边缝式薄膜毛管滴头，如图 6-7 所示。压力水通过毛管，再经过其边缝上的微细通道滴入土壤。

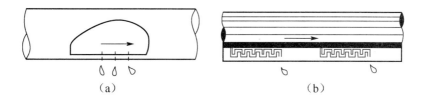

图 6-7　边缝式薄膜毛管滴头

（a）多孔透水毛管；（b）薄壁滴灌带

5. 折射式微喷头

折射式微喷头有单向式和双向式、束射式和散射式等形式，如图 6-8 所示。其进口直径为 2.8 mm，喷水孔为 1.0 mm。它的结构简单、价格便宜，适用于灌溉果树、温室作物和花卉等。

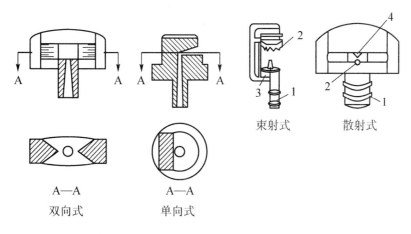

束射式　　　散射式

A—A　　　　A—A

双向式　　　单向式

1—带螺纹的接头；2—喷水孔；3—分水齿；4—散水锥。

图 6-8　折射式微喷头

6. 射流旋转式微喷头

射流旋转式微喷头的一般工作水头为 10~15 m，有效湿润半径为 1.5~3.0 m，如图 6-9 所示。其适用于果树、温室作物、苗圃和城市园林绿化灌溉，特别适用于全圆喷洒灌溉密植作物，以及沙土和黏土。

（二）管道及管件

微灌系统的管道应能承受一定的内水压力，具有较强的耐腐蚀和抗老化性能，保证安全输水与配水，并便于运输和安装。我国微灌管材多用掺炭黑的高压低密度聚乙烯半柔性管。一般毛管内径为 10~15 mm。内径在 65 mm 以上时也可用聚氯乙烯管等其他管材。

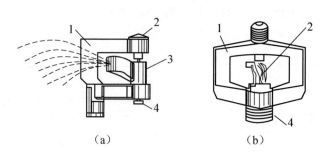

1—支架；2—散水锥；3—旋转臂；4—接头。

图6-9　射流旋转式微喷头

（a）LWP两用微喷头；（b）W₂型微喷头

管道附件是指用于连接组装管网的部件，简称管件，主要有弯头、三通、活接头、阳螺纹变径接头、四通和堵头等。其应达到连接牢固、密封性好、便于运输和安装等要求。

（三）过滤器

微灌系统对水质的净化处理十分重要，其净化设备或设施主要有拦污栅（筛、网）、沉淀池和过滤器等，选用何种净化设备或设施要根据水质的具体情况而定。拦污栅、沉淀池用于水源工程。过滤器按照过滤形式不同主要有以下几种类型。

（1）旋流式水沙分离器，又称为离心式或涡流式过滤器。

（2）沙砾过滤器，属于介质过滤器。

（3）滤网过滤器。滤网过滤器结构简单，造价便宜，应用较广泛。它的种类较多，有立式与卧式，塑料和金属，人工清洗与自动清洗，以及封闭式和开敞式等形式。主过滤器的滤网要用不锈钢丝或特制塑料制作，在支管、毛管上的微型滤网也可用铜丝网或尼龙网制作。滤网的孔径应为所使用的灌水器孔径的1/10～1/7，滤网的有效过水面积即滤网的净面积之和应大于2.5倍出水管的过水面积。其主要用于过滤水中的粉粒、沙和水垢等污物，也可过滤少量有机杂质，但有机杂质含量过高和藻类过多时过滤效果较差。图6-10为卧式滤网过滤器。

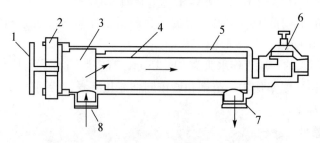

1—手柄；2—横旦；3—进口滤罩；4—不锈钢滤网；

5—过滤筒身；6—冲洗阀门；7—出水口；8—进水口。

图6-10　卧式滤网过滤器

（4）组合式过滤器。组合式过滤器是将前面两种或三种过滤器组合后，达到综合过滤要求的过滤器。

（四）施肥（施农药）装置

施肥（施农药）装置是指向微灌系统注入可溶性肥料（农药溶液）的装置，主要有压差式施肥罐、开敞式肥料桶、文丘里注入器及各种注入泵等。图 6 – 11 为压差式施肥罐。其化肥罐应选用耐腐蚀和抗压能力强的塑料或金属材料制造。封闭式化肥罐还应具有良好的密封性能，罐内容积应依微灌控制面积（或轮灌区面积）及单位面积施肥量、化肥溶液浓度等因素确定。该装置加工制造容易，造价低，不需外加动力，但罐体容积有限，添加溶液次数频繁，溶液浓度变化大时，无法调节控制。

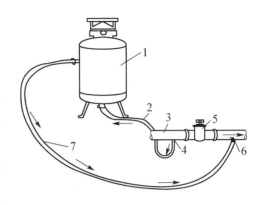

1—化肥罐；2—进水管；3—输水管；4—阀门；
5—调压阀门；6—供肥管阀门；7—供肥管。

图 6 – 11　压差式施肥罐

第二节　微灌工程规划与设计

一、微灌工程规划

微灌工程规划是微灌工程设计的前提，制约着微灌工程投资、效益和运行管理等多项指标，关系到整个微灌工程的质量及合理性，是决定微灌工程成败的重要工作之一。

（一）微灌工程规划任务

微灌工程规划是进行项目论证和决策的重要依据，其主要任务包括以下几个方面。

（1）勘测收集基本资料。收集项目区与该工程规划有关的自然条件资料、生产状况资料及社会经济状况资料。

（2）论证工程的必要性和可行性。根据当地的资源条件、技术力量、社会经济状况论证工程的必要性，从经济和技术两个方面论证工程的可行性。

（3）确定工程的控制范围和规模。根据项目区的水土资源状况进行水土平衡计算，确定工程规模和灌区范围。

（4）选择适当的取水方式。根据水源位置、地形地貌、作物情况，通过方案比选，合理布置引、提、蓄水工程，确定首部枢纽位置和管网布置。

（5）微灌系统选型。根据当地自然条件和经济条件，因地制宜地从技术可行性和经济合理性方面选择系统形式、灌水器类型。

（6）工程布置。在综合分析水源加压形式、地块形状、土壤质地、作物种植密度、种植方向、地面坡度等因素的基础上，确定微灌系统的总体布置方案。

（7）编制工程概算。进行典型设计，计算工程量，确定设备和材料的种类、规格、数量，估算工程投资并进行经济效益分析。

（二）微灌工程规划原则

进行微灌工程规划时，应该树立系统工程的观念、因地制宜的观念和突出效益的观念。微灌工程规划应遵循以下原则。

（1）与有关规划协调一致。微灌工程规划应在调查项目区自然条件、社会经济和水土资源利用现状的基础上，根据农业生产、生态保护对灌溉的要求进行规划。微灌工程规划应与当地的经济发展规划、生态保护规划、农业发展规划和节水灌溉发展规划协调一致。

（2）对项目水源保证进行充分论证。对拟建微灌工程所用水源的水量、水质情况必须进行充分论证。对于地表水源，应重视洪水期的泥沙问题；对于地下水源，必须论证项目区真实可靠的补给量、可开采量和单井出水量。特别是在干旱地区，工程规模应控制在水资源条件允许范围之内，必须避免建设无水源保证工程和使生态环境遭到破坏的工程。

（3）扬长避短，突出效益。任何技术都有一定的适用条件，微灌也不例外。在进行微灌工程规划时必须坚持扬长避短的原则。我国地域辽阔，不同地区的自然气候差异很大，经济发展水平不一，规划时应从实际出发，实事求是，充分考虑自然资源和社会经济条件。同时要认真进行方案比选，找出最佳方案。微灌工程规划应因地制宜，扬长避短，减轻劳动者的劳动强度，突出效益。

（4）注意与其他用水需求相结合，与农业节水措施相配套。规划时应综合考虑项目区内农田、林带、畜牧、水产、居民用水等其他用水方的要求，使其他用水方不受影响并尽量做到相互结合，发挥综合效益。微灌工程措施应与农业节水措施相配套，以发挥最大的节水效益。

（5）综合考虑经济、社会、环境效益，环境效益优先。经济效益主要表现在节水、节能、省工、省地、增产、增效等方面；社会效益主要表现在缓解农业、工业、生活和生态用水矛盾，兼顾当地乡镇工业和人畜用水等方面；环境效益主要表现在保护水资源，控制地下水位，防止超采地下水，降低灌水定额，防止化肥、农药污染地下水等方面。

（三）基本资料收集

好的微灌工程规划是建立在准确、齐全、可靠的基本资料和配套完善、性能优良的微灌设备之上的，它们是微灌工程规划的基础。基本资料可分为自然条件资料、生产状况资料和社会经济状况资料三大类。

1. 自然条件资料

自然条件资料主要包括项目区的地理位置与地形资料、气象资料、水源资料、土壤和工程地质资料、作物栽培和灌溉试验资料等。

（1）地理位置与地形资料。地理位置资料包括项目区所处的经纬度、海拔高程、范围、面积及其相邻地区等，应在合适比例的行政区划图上进行清晰的表达。

地形资料是进行微灌工程规划的最主要资料。地形资料一般用地形图反映，进行微灌工程规划时要收集和绘制比例合适、规范的地形图。

灌溉面积在 $333 \sim 667 \ hm^2$ 以上的微灌工程，规划布置图宜用 1/10 000 ~ 1/5 000 比例尺地形图；灌溉面积超过 $667 \ hm^2$ 的微灌工程，规划布置图可用更小比例尺的地形图；灌溉面积小于 $333 \ hm^2$ 的微灌工程，规划布置图宜用 1/5 000 ~ 1/2 000 比例尺地形图。

若地形比较平坦或为一般微灌系统，规划布置图宜采用 1/2 000 ~ 1/1 000 比例尺地形图；若地形比较复杂或为低压微灌系统，规划布置图宜采用 1/1 000 ~ 1/500 比例尺地形图。

（2）气象资料。气象资料包括项目区的降水、蒸发、温度、湿度、日照、积温、无霜期、风速、风向、冻土深度、气象灾害等。气象资料是确定作物需水量和制定灌溉制度的基本依据。可到邻近的气象台（站）收集气象资料。

（3）水源资料。水源资料是指为工程项目提供水源的水库、河流、渠道、塘坝、井泉等的逐年供水能力、年水量、水位、水质、水温、泥沙含量变化情况，特别是灌溉季节的供水、用水情况。对于地表水源，还包括取水点的水文资料，即取水点的年来水系列及年内旬或月的分配资料。对于没有现成观测资料的小水源，应根据水源特点进行调查、测量并取样化验。对某些水源还需进行必要的产流条件调查，以分析来水的变化规律。对于以地下水为水源的微灌工程，应收集与项目区有关的地下水储量、可开采量、已开采量、地下水位多年变化情况、超采情况、年可供灌溉水量、地下水的化学成分及其含量、单井涌水量、静水位变化情况、动水位变化情况、含水层深度、含水层地质情况。单井出水量和动水位一般依据成井后抽水试验及以往使用情况进行确定；集中开采时必须考虑井群的影响；作为可供水量设计依据时，需分析补给源和区域性开采对井水出水量的影响。

（4）土壤和工程地质资料。土壤资料主要包括土壤质地、土壤容重、田间持水量、土壤孔隙率、土壤渗吸速度、土层厚度、土壤 pH 值和土壤肥力等。对于盐碱地，还包括土壤盐分组成、含盐量、盐渍化及次生盐碱化情况、地下水埋深和矿化度等。工程地质资料主要指微灌工程系统、骨干管线以及蓄水工程等可能遇到的复杂地质条件。

（5）作物栽培和灌溉试验资料。收集项目区作物栽培资料。对于一年生作物，收集作物种类、品种、栽培模式、耕作层深度、生长季节、种植比例、种植面积、种植分布图及轮作倒茬计划、条田面积及规格、防护林布设等资料；对于多年生作物，收集树种、果园年龄、树龄、密度、栽种方式（沟植、平植或畦植）、根系活动层深度、行向、株距、行距、冬季埋土情况、田间管理要求等资料。同时还应了解原有的高产、稳产农业技术措施，产量和灌溉制度等。

当地的灌溉试验资料是进行微灌工程规划的宝贵资料，在无当地灌溉试验资料的情况下也可收集条件类似地区的灌溉试验资料作为参考。

2. 生产状况资料

生产状况资料包括项目区的水利工程和灌溉工程现状资料、农业生产和作物资料、动力资料、当地材料和设备生产供应情况资料、用水状况和水资源管理资料。

（1）水利工程和灌溉工程现状资料。收集项目区水利工程现状资料，在进行微灌工程规划时考虑充分利用现有的水利设施，确保有可靠的水源并尽可能减少投资；特别应收集农村饮水工程的有关资料，规划时应注意保护其水资源。

灌溉工程现状资料包括灌溉发展情况、灌溉面积、配套情况、节水灌溉面积、管理体制、运行机制、存在的问题等。

（2）农业生产和作物资料。农业生产资料包括土地资源面积，耕地面积，主要作物单位面积产量，农、林、牧、渔在农业结构中所占的比例、现状、发展计划和产值等。同时还应收集项目区能反映现状的和工程建成后的作物产量与农业措施。

作物资料包括项目区的作物种类、播种面积、复种指数、品种、分布、生育期、各生育阶段及天数、主要根系层活动深度、需水量、灌溉制度等。

（3）动力资料。动力资料包括现有的动力、电力及水利机械设备（如电动机、变压器、柴油机）情况，电网供电情况，以及动力设备价格、电费与柴油价格等。要了解当地目前拥有的柴油机、电动机、变压器、汽油机等的数量、规格及使用情况，输变电线路，变压器容量，现有动力装机容量，施工队伍和施工机械情况。

（4）当地材料和设备生产供应情况资料。当地材料和设备生产供应情况资料包括水泥、沙、石等建筑材料，以及微灌设备、管材、管件等的规格、型号、性能、价格、生产供应情况，可供规划时选择和进行投资估算和设计概算。

（5）用水状况和水资源管理资料。用水状况资料包括工业、生活、农业及生态用水情况。同时还应收集各种用水指标，如当地人均综合用水量、万元国内生产总值（当年价）用水量、城镇人均生活用水量、农村人均生活用水量（含牲畜用水）、万元工业产值（当年价，含火电）用水量、万元工业增加值（当年价）用水量、农田灌溉亩均用水量等。

水资源管理资料包括水资源费征收情况、水价情况、水费征收情况等，可用于进行项目效益分析。

3. 社会经济状况资料

社会经济状况资料包括项目区的行政区划资料、经济情况资料、交通情况资料和有关发展规划及相关文件资料。

（1）项目区的行政区划资料。项目区的行政区划资料包括项目区所属省（自治区、直辖市）、市（县）的名称，面积，总人口，农业人口，外出劳力、现村内常年劳力的数量及文化素质等。工程建成后必须便于管理，因此应了解现行的行政区划界线和生产管理制度，尽量使所建工程的管理和生产管理范围一致。

（2）经济情况资料。经济情况资料包括当地工农业生产水平，企业生产状况，现有耕地、荒地、草场及森林的分布和面积，养殖业概况，缺水地区的面积与缺水程度等。对地区生产总值、人均年收入和生产管理体制进行调查，有助于对投资规模、投资能力、今后的管理和发展做出正确的评估。工农业生产水平、乡镇工业情况及支援农业基本建设的能力、劳动力价格等，都是微灌工程规划必须考虑的因素。

（3）交通情况资料。交通情况资料包括项目区对外的交通运输能力及运输价格情况，可用于进行投资效益计算。

（4）有关发展规划和文件资料。进行微灌工程规划时，主要收集以下与微灌工程规划有关的发展规划及文件资料。

有关发展规划主要包括所在地区的水利发展规划、水资源规划、农业发展规划、节水灌溉发展规划、水土保持规划、退耕还林还草规划、城镇国民经济发展规划等。

有关文件主要包括立项申请的批件、可行性研究报告的批件、与工程项目有关的资金筹措承诺文件、环保单位的审批评估文件、有关部委的要求文件等。

（四）微灌工程规模确定

规划阶段应该首先进行水量平衡分析计算，以确定合理的工程规模。水量平衡分析计算主要受水源条件的制约，不同水源条件有不同的分析计算方法。当水源一定时，灌溉面积与微灌设计灌溉补充强度、微灌系统工作制度等因素有关。

1. 地下水水源

（1）井水。补给源有保证且成井质量好的井水，水量稳定，水质良好，是微灌工程的理想水源。井水可灌面积为

$$A = \frac{\eta Q_w C}{10 I_a} \tag{6-9}$$

式中，A 为井水可灌面积（hm^2）；η 为灌溉水利用系数；Q_w 为井水的出流量（m^3/h）；C 为系统日最大运行时数（h）；I_a 为设计灌溉补充强度（mm/d）。

（2）泉水。由于泉水流量小，一般需经过调蓄才能满足灌溉用水要求。水量平衡分析计算的任务是确定泉水可灌面积。泉水可灌面积为

$$A = \frac{2.4 Q_s}{I_a} \tag{6-10}$$

式中，A 为泉水可灌面积（hm^2）；Q_s 为可供灌溉的泉水流量（m^3/h）；I_a 为设计灌溉补充强度（mm/d）。

2. 塘、坝类水源

（1）塘、坝的集流面积足够大，蓄水容积已确定时，可灌面积为

$$A = \frac{\eta_{蓄} K V}{10 \sum I_i T_i} \tag{6-11}$$

式中，A 为塘、坝可灌面积（hm^2）；V 为塘、坝蓄水容积（m^3）；K 为塘、坝复蓄系数，$K = 1.0 \sim 1.5$（北方取 1.0，南方取 1.5）；$\eta_{蓄}$ 为考虑蒸发和渗漏损失后的蓄水有效利用系数，取 $\eta = 0.6 \sim 0.7$；I_i 为灌溉季节各月的毛供水强度（mm/d）；T_i 为灌溉季节各月的供水天数（d）。

（2）灌溉面积已定，则塘、坝调蓄容积为

$$V = \frac{10A \sum I_i T_i}{\eta K} \qquad (6-12)$$

式中，A 为计划灌溉面积（hm^2）；其余符号的意义同前。

3. 河、渠类水源

河、渠类水源水量平衡分析计算的主要任务是，当灌溉面积已定时求得系统所需的供水流量，与河、渠可供流量进行比较，如超过可供流量，则减小灌溉面积，将工程规模控制在水源有保证的范围之内。可用下式计算灌溉面积已定时工程所需的供水流量。

$$Q = \frac{10 \, m_{毛} A}{TC} \quad 或 \quad Q = \frac{10 I_a A}{\eta C} \qquad (6-13)$$

式中，Q 为系统所需的供水流量（m^3/h）；$m_{毛}$ 为设计毛灌水定额（m^3/hm^2）；A 为计划灌溉面积（hm^2）；T 为灌水周期（d）；其余符号的意义同前。

（五）微灌工程总体规划

1. 微灌工程总体布置

规划阶段微灌工程总体布置主要是确定灌区的具体位置、面积及分区界限；确定水源位置，对沉淀池、泵站、首部枢纽等工程进行总体布局；合理布置主干管线。地形状况和水源在灌区中的位置对管道系统布置影响很大，一般应将首部枢纽与水源工程布置在一起。根据水源位置及系统规模大小，其管道一般分为干管、支管、毛管或主干管、分干管、支管、毛管。

干管埋深≥80 cm，在管道起伏的高处、顺坡管道上端阀门的下游、逆止阀的上游均应设置进排气阀，管道末端设排水闸阀，以便将余水排入渗井或排水渠。支管、毛管铺设于地面，支管通过出地管与干管相连，毛管通常顺着作物种植行向布置。

（1）灌区范围的确定。根据工程建设方的要求、行政区划、土地的具体情况和微灌技术的特点，选定微灌工程的位置，并确定微灌面积、灌区的界限。

（2）水源工程的布置。优先选择距灌区最近的水源，以便减少输水干管的投资。在平原地区将井水作为水源时，应尽可能地将井打在灌区中心。在有条件的地区尽可能利用地形落差发展自压滴灌。为了节省能源，可以采用一级或多级提水灌溉，并应经过技术经济比较确定。在需建沉淀池的灌区，沉淀池可以与蓄水池结合修建。

（3）系统首部枢纽和输水干管的布置。系统首部枢纽通常与水源工程布置在一起，若水源工程距离灌区较远，也可单独布置在灌区附近或灌区中间，以便于操作和管理。

2. 首部枢纽的具体布置

要使微灌系统正常、安全地运行，发挥效益，必须十分谨慎地选择首部枢纽。必须指出的是，首部枢纽特别是过滤器，是微灌系统的关键所在，过滤器能否有效发挥作用关系到灌水器能否正常运行，过滤器一旦出现故障，水中的污物会在很短的时间内将多只灌水器堵塞，使微灌系统报废。因此，过滤器的选择应遵循以下原则。

（1）过滤精度满足微灌灌水器对水质的要求。微灌灌水器供应商应该提供微灌灌水器对水质过滤精度要求的资料，设计者根据供应商提供的资料选择适当精度的过滤器。如供应商未提供该资料，最好的方法是通过试验确定所需的过滤器。滴灌系统通常要求过滤器组合过滤能力不小于120目，微喷灌系统通常要求过滤器组合过滤能力不小于100目，涌泉灌系统通常要求过滤器组合过滤能力不小于100目。

（2）过滤器水头损失小。根据供应商提供的清水条件下流量与水头损失关系曲线，选择合适的过滤器品种、尺寸和数量，使过滤器水头损失比较小，否则会增加系统压力，使运行费用增加。

（3）除污能力强。应根据水源含杂质情况，选择不同级别、不同品种的过滤器，以免过滤器在短时间内堵塞而频繁冲洗，使运行管理困难。一般要求过滤器清洗间隔不少于一个轮灌组运行时间；系统阻力一般不超过7 m。

（4）耐腐性好，使用寿命长。塑料过滤器要求外壳使用抗老化塑料。金属过滤器要求表面耐腐蚀、不生锈。过滤芯材质宜为不锈钢，外壳应用可靠的防腐材料喷涂。

（5）运行操作方便可靠。对于自清洗式过滤器，要求自清洗过程操作简便、自清洗能力强。对于人工清洗式过滤器，要求滤芯取出、清洗和安装简便，方便运行。

（6）安装方便。选用过滤器时，应选择能够配套供应各种连接管件的供应商，使施工安装简便易行。可参照表6－2选择过滤器。

表6－2　不同水源情况及推荐的过滤器

水源类型	含杂质情况	推荐的过滤器
地表水	藻类、菌类等有机物和沙等无机物	沙石过滤器＋网式过滤器或叠片式过滤器
地下水	沙和无机盐，含沙量＜3 mg/L	网式过滤器、水沙分离器＋网式过滤器

当水源距灌区较近时，首部枢纽一般布置在泵站附近，以便于运行管理。当水源距灌区较远时，首部枢纽布置在灌区附近。对于小的灌溉系统，如输水距离不长，一般只在泵站安装一级过滤首部，田间一般不布置二级过滤器。当灌溉地块较大时，可考虑在不同的区域安装二级过滤器。

3. 输配水管网的布置

微灌系统输配水管网的布置应遵循下列原则。

（1）符合微灌工程总体要求。井灌区的输配水管网宜以单井控制灌溉面积作为一个完整系统。渠灌区应根据作物布局、地形条件、地块形状等分区布置，尽量将压力接近的地块分在同一个系统。

（2）规划时首先确定出地管、给水栓的位置。给水栓的位置应使耕作方便和灌水均匀。给水栓的纵向间距一般在100～150 m，横向间距一般在120～150 m，使管道总长度短、管道顺直、水头损失小、总造价低、管理运行方便、少穿越其他障碍物。

（3）输配水地埋固定管道应尽可能布设在坚实的基础上，尽量避开填方区及可能发生滑坡或受山洪威胁的地带。若管道因地形条件限制，必须铺设在松软地基或有可能发生不均匀沉陷的地段，则应对管道地基进行处理。

（4）输配水管道沿地势较高位置布置，支管垂直作物种植行布置，毛管顺着作物种植行布置。地形复杂需要采用改变管道纵坡布置时，管道最大纵坡不宜超过 1:1.5，而且应小于或等于土壤的内摩擦角，并在其拐弯处或直管段超过 30 m 时设置镇墩。固定管道的转弯角度应大于 90°，埋设深度一般应大于冻土层深度，若入冬前能保证放空管内积水，则可适当浅埋。

（5）若局部地区供水压力不足，而提高全系统压力又不经济，应采取增压措施。若部分地区供水压力过高，则可结合地形条件和供水压力要求，设置压力分区，采取减压措施，或采取不同等级的管材和不同压力要求的灌水方法，布置成不同的灌溉系统。在进行各级管道水利计算时，应同时验算各级管道产生水锤的可能性及水锤压力，以便采取水锤防护措施。特别是在管道纵向拐弯处，应检查是否可能产生真空，导致管道破坏。应在管道规定压力中预留 2~3 m 水头的余压。

（6）输配水管网各级管道进口必须设置节制阀。分水口较多的配水管道每隔 3~5 个分水口设置一个节制阀。管道最低处应设置退水泄水阀。管道的驼峰处或管道最高处应安装排气阀。

（7）输配水管网尽量平行于沟、渠、路、林带，顺田间生产路和地边布置，以利于耕作和管理。

（8）尽量利用地形落差实施重力输水。

（9）避免干扰输油、输气管道及电信线路等。

（10）尽可能发挥输配水管网综合利用的功能，把农田灌溉与农村供水以及水产、环境美化相结合，使输配水管网的效益达到最高。

输配水管网的布置步骤如下：

① 根据地形条件分析确定管网类型；

② 确定给水栓和出地管的适宜位置；

③ 按管道总长度最短原则，确定管网中各级管道的走向与长度；

④ 在纵断面图上标注各级管道桩号、高程、给水装置、保护设施、连接管件及附属建筑物；

⑤ 对各级管道、连接管件、给水装置等列表，进行分类统计。

4. 田间管网的具体布置

微灌系统的田间管网依据水源的种类、位置及管网类型，有如下几种布置形式。

水源位于田块一侧，树枝状管网一般呈"一"字形、"T"形和"L"形，主要适用于控制面积较小的井灌区，一般控制面积为 10~33.3 hm²（150~500 亩），如图 6-12 和图 6-13 所示。

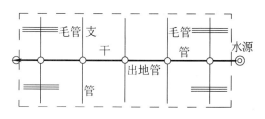

图 6 – 12 "一"字形布置

图 6 – 13 "T"形布置

水源位于田块一侧，控制面积较大，一般为 40 ~ 100 hm²（600 ~ 1 500 亩），地块呈正方形或长方形。作物种植方向与灌水方向相同或不同时，可布置成梳齿形，如图 6 – 14 所示。

水源位于田块中心，控制面积较大时，常采用"工"字形和长"一"字形树枝状管网布置形式，如图 6 – 15 和图 6 – 16 所示。

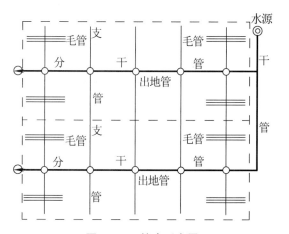

图 6 – 14 梳齿形布置

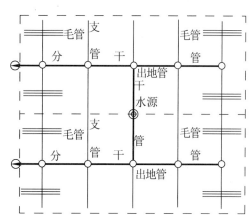

图 6 – 15 "工"字形布置

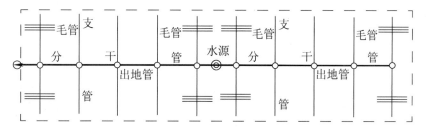

图 6 – 16 长"一"字形布置

5. 毛管与灌水器的布置

（1）微灌毛管与灌水器的布置。

① 条播密植作物微灌毛管和灌水器的布置。

大部分作物，如棉花、玉米、蔬菜、甘蔗等均属于条播密植作物，需采用较高的土壤湿润比（一般宜大于 60%），采用微灌时毛管和灌水器的用量相应较多。这时毛管顺作物行向布置，滴头均匀地布置在毛管上，灌水器间距为 0.3 ~ 1.0 m。毛管有以下两种布置形式：

a. 每行作物布置一条毛管。当作物行距超过 1 m 和土壤为轻质土壤（一般为沙壤土、沙土）时，采用这种布置形式。

b. 每两行或多行作物布置一条毛管。当作物行距（一般小于 1 m）较小时，宜考虑每两行作物布置一条毛管；当作物行距小于 0.3 m 时，宜考虑多行作物布置一条毛管。这种布置形式是目前大田生产中应用较多的一种形式。新疆棉花膜下地灌滴灌带典型布置如图 6-17 所示。应当注意的是，土壤沙性较严重时，应考虑减小毛管间距。

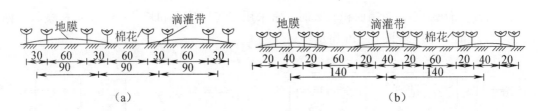

图 6-17 新疆棉花膜下地灌滴灌带典型布置（单位：cm）

（a）一膜两管四行布置；（b）一膜一管四行布置

② 果园微灌毛管和灌水器的布置。

果树的种植间距变化较大，可从 0.5 m × 0.5 m 到 8 m × 10 m，因此微灌毛管和灌水器的布置形式也很多，主要有以下几种。

a. 一行果树布置一条毛管。

当树形较小，土壤为中壤以上的土壤时，采用一行果树布置一条毛管比较适宜。灌水器沿毛管的间距为 0.5 ~ 1.0 m，视土壤情况而定，一般要求形成一条湿润带。这种布置形式节省毛管，而且灌水器间距较小，系统投资低；在半干旱地区作为补充灌溉形式能够满足要求。果树毛管单行布置如图 6-18 所示。

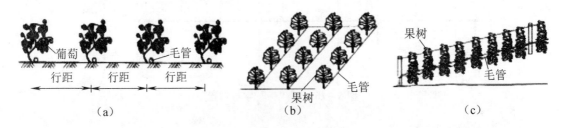

图 6-18 果树毛管单行布置

（a）葡萄啤酒花毛管布置；（b）密植果树毛管地表布置；（c）密植果树毛管悬挂布置

b. 一行果树布置两条毛管。

当果树行距较大（一般大于 4 m），土壤为中壤以上的土壤时，采用一行果树布置两条毛管比较适宜。当果树行距小于 4 m，但土壤沙性较严重时，也可考虑采用一行果树布置两条毛管。在干旱地区，当果树完全依赖灌溉时，受湿润区域的限制，其根系发育也呈条带状。当风速较大时，为了避免由于湿润区过小而使根系过于集中于一个小区域而出现根系锚固问题，宜采用这种布置形式（图 6 – 19）。

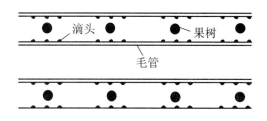

图 6 – 19　果树毛管双行布置图

c. 曲折毛管和绕树毛管布置。

当果树间距较大（一般大于 5 m）或在极干旱地区，可考虑曲折毛管和绕树毛管布置形式。这种布置形式的优点在于，湿润面积近于圆形，与果树根系的自然分布一致。在成龄果园建设微灌系统时，由于作物根系发育完善，可采用这种布置形式。图 6 – 20 为绕树毛管布置。

d. 多出流口灌水器布置。

能够采用曲折毛管和绕树毛管的地方，也可采用多出流口灌水器，或多个灌水器用水管分流的布置形式，如图 6 – 21 所示。

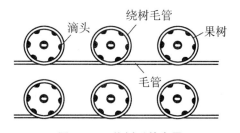

图 6 – 20　绕树毛管布置

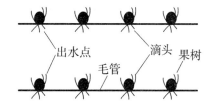

图 6 – 21　果树多出流口灌水器布置

（2）微喷灌毛管与灌水器的布置。根据作物和所使用的微喷头的结构与水力性能不同，微喷灌毛管和灌水器的布置形式也不同。常见的布置形式如图 6 – 22 所示。毛管沿作物行向布置，一条毛管可控制一行作物，也可控制若干行作物，取决于微喷头的喷洒直径和作物的种类。毛管的长度取决于喷头的流量和灌水均匀度的要求，由水力计算决定。

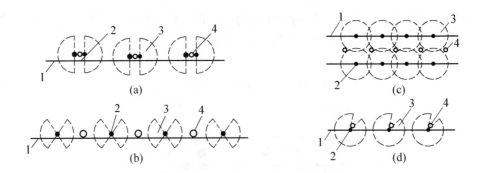

1—毛管；2—微喷头；3—喷洒湿润区；4—果树。

图 6 – 22　微喷灌毛管和灌水器布置形式

（a）单向微喷头局部喷洒；（b）双向微喷头局部喷洒；（c）全圆微喷头全圆喷洒；（d）全圆微喷头局部喷洒

二、微灌系统设计

不同的灌溉技术有不同的设计灌溉制度，但对喷灌、微喷灌、滴灌等而言，其原则及计算方法都是一样的。由于在作物全生育期内的灌溉需要实时调整，设计中常常只计算一个理想的灌溉过程。设计灌溉制度是指作物全生育期（对于果树等多年生作物则为全年）内设计条件下的每一次灌水量（灌水定额）、灌水时间间隔（或灌水周期）、一次灌水延续时间、灌水次数、灌水总量等，是设计灌溉工程容量的依据，也可作为灌溉管理的参考数据，但在具体灌溉管理中应依据作物生育期内土壤水分状况而定。

（一）设计净灌水定额计算

微灌系统的设计净灌水定额可由下式计算求得：

$$m = 0.001\gamma zp(\theta_{\max} - \theta_{\min}) \tag{6 – 14}$$

$$m = 0.001 zp(\theta'_{\max} - \theta'_{\min}) \tag{6 – 15}$$

式中，m 为设计净灌水定额（mm）；γ 为土壤容重（g/cm³）；z 为计划湿润层深度（cm），蔬菜取 $0.2 \sim 0.3$ m，大田作物取 $0.3 \sim 0.6$ m，果树取 $0.8 \sim 1.2$ m；p 为设计土壤湿润比（%）；$\theta_{\max}$ 为适宜土壤含水量上限（质量含水量，%）；$\theta_{\min}$ 为适宜土壤含水量下限（质量含水量，%）；$\theta'_{\max}$ 为适宜土壤含水量上限（体积含水量，%）；$\theta'_{\min}$ 为适宜土壤含水量下限（体积含水量，%）。在实际生产中，$\theta_{\max}$ 通常取田间持水量，$\theta_{\min}$ 通常取凋萎系数。

表 6 – 3 给出了不同类别土壤的容重和持水量，可供设计时参考。

表 6 – 4 给出了华北平原不同土壤质地的水分常数和土壤容重，亦可供设计时参考。

表 6 – 3 不同类别土壤的容重和持水量

土壤类别	质 地	容重/（g/cm³）	田间持水量		有效持水量（占土壤体积）		入渗速度/（mm/h）
			重量比	体积比	范 围	平均值	
沙土	粗质地	1.45～1.60	16%～22%	26%～32%	3.3%～6.2%	4%	20
沙壤土	中等粗质地	1.36～1.54	22%～30%	32%～42%	6.0%～8.5%	7%	15
轻壤土	中等质地	1.40～1.52	22%～28%	30%～36%	8.5%～12.5%	10.5%	12
中壤土	中等细质地	1.40～1.55	22%～28%	30%～35%	12.5%～19.0%	16.5%	11
重壤土	细质地	1.35～1.44	28%～32%	32%～42%	14.5%～21.0%	17.5%	10
黏土	细质地	1.32～1.40	30%～35%	40%～50%	13.5%～21.0%	17%	8

表 6 – 4 华北平原不同土壤质地的水分常数和土壤容重

土壤质地	容重/（g/cm³）	水 分 常 数			
		重量比		体积比	
		凋萎系数	田间持水量	凋萎系数	田间持水量
紧沙土	1.45～1.60	—	16%～22%	—	26%～32%
沙壤土	1.36～1.54	4%～6%	22%～30%	5%～9%	32%～42%
轻壤土	1.40～1.52	4%～9%	22%～28%	6%～12	30%～36%
中壤土	1.40～1.55	6%～10%	22%～28%	8%～15%	30%～35%
重壤土	1.38～1.54	6%～13%	22%～28%	9%～18%	32%～42%
轻黏土	1.35～1.44	15%	28～32%	20%	40%～45%
中黏土	1.30～1.45	12%～17%	25%～35%	17%～24%	35%～45%
重黏土	1.32～1.40		30%～35%		40%～50%

需要说明的是：

（1）计算设计灌水定额的公式有多种形式，但大多数只是符号不同而已，实质都是一样的。

（2）必须注意适宜土壤含水量上下限的界定。所有公式适宜土壤含水量上限都是田间持水量，但不同公式对适宜土壤含水量下限的界定是不一样的，有些公式所界定的下限是凋萎系数，有些公式所界定的下限是介于田间持水量和凋萎系数之间的特定值——临界含水量。

（二）设计灌水周期的确定

设计灌水周期是指在设计灌水定额和设计日耗水量的条件下，能满足作物需要的两次灌水之间的最长时间间隔。这只能表明系统的能力，而不能完全限定灌溉管理时所采用的灌水周期，有时为了简化设计，可采用 1 d。设计灌水周期可按下式计算：

$$T = \frac{m}{E_a} \qquad (6-16)$$

式中，T 为设计灌水周期（d）；m 为设计净灌水定额（mm）；E_a 为设计耗水强度（mm/d）。

（三）灌水延续时间的确定

在单行毛管直线布置、灌水器间距均匀的情况下，一次灌水延续时间由下式确定。在灌水器间距非均匀的情况下，S_e 可取灌水器间距的平均值。

$$t = \frac{m S_e S_l}{\eta q} \qquad (6-17)$$

式中，t 为一次灌水延续时间（h）；m 为设计净灌水定额（mm）；S_e 为灌水器间距（m）；S_l 为毛管间距（m）；η 为灌溉水利用系数，$\eta = 0.9 \sim 0.95$；q 为灌水器流量（L/h）。

对于果树，当每棵树安装 n 个灌水器时，计算公式为

$$t = \frac{m S_r S_t}{n \eta q} \qquad (6-18)$$

式中：S_r、S_t 分别为果树的株行距（m）；其余符号的意义同前。

（四）灌水次数与灌水总量的确定

使用微灌技术时，作物全生育期或全年的灌水次数比传统地面灌溉多。根据我国的使用经验，北方果树通常一年灌水 15～30 次；在水源不足的山区也可能一年只灌 3～5 次。灌水总量为全生育期或全年（对多年生作物）各次灌水量的总和。

第三节 微灌工程施工与运行

一、微灌工程施工

（一）微灌工程施工的一般规定

（1）微灌工程施工应按已批准的设计进行。

（2）施工前应检查图纸、文件等是否齐全，并核对设计是否与灌区的地形、水源、作物种植及首部枢纽位置等相符。修改设计或更换材料、设备，应经设计部门同意，并及时书面告知工程监理，必要时应经相关主管部门审批。

（3）施工前应编制工程进度计划，并制定必要的安全措施。

（4）施工中应注意防洪、排水、保护农田和生态环境，并应做好弃土处理。

（5）在施工过程中应做好施工记录。对于隐蔽工程，必须填写隐蔽工程验收记录，出现工程事故时应查明原因，及时处理并记录处理措施，验收合格后方可进入下一道工序。全

部工程施工完毕应及时绘制竣工图，并编写竣工报告。

（二）微灌工程施工的程序

（1）施工放样应按下列要求进行。

① 微灌工程可根据设计图纸直接测量管线纵断面，必要时应设置施工测量控制网，并应保留到施工完毕；应标明建筑物和管线主要部位与开挖断面要求。

② 放线应从首部枢纽开始，定出建筑物主轴线、泵房轮廓线及干支管进水口位置，并应从干管出水口引出干管轴线后再放支管管线。主干管直线段宜每隔 30～50 m 设一个标桩；分水、转弯、变径处应加设标桩；地形起伏变化较大的地段，宜根据地形条件适当加桩。

③ 在首部枢纽控制室内，应标出水泵、动力机、控制柜、施肥装置、过滤器等专用设备的安装位置。

（2）建筑物施工应符合现行国家标准、规范的相关规定。

（3）回填土应干湿适宜、分层夯实，与管道及附属建筑物接触紧密。

二、微灌系统运行

（一）微灌系统管道冲洗和试运行

微灌系统管道安装完毕后，根据《微灌工程技术规范》要求，管槽最终回填前，应对管道进行冲洗、水压试验和系统试运行，并填写水压试验和系统试运行报告。管道冲洗应按《微灌工程技术规范》的相关规定进行。

微灌系统试运行必须严格按照《微灌工程技术规范》执行，但在我国西北地区，微灌工程的施工安装大部分安排在每年的非灌溉季节。此时，这些地区气温逐渐降为 0 ℃ 以下，很难满足试运行时水温与环境温度应为 5～30 ℃ 的要求，这给需要地埋的管道试运行带来一定困难。此外，目前微灌工程中毛管和绝大部分的支管铺设于地面。其中，毛管所用材料大部分为使用一个灌溉季节的滴灌带，支管则多年使用。因此，结合试运行对水温和环境温度的要求，微灌系统的试运行时间需根据施工安装条件、周围环境及工程投入运行的时间确定。微灌系统试运行在西北地区宜安排在春季或灌溉前不是负温的时间。

（二）微灌系统的运行要求

微灌系统的运行与种植作物的结构、作物的生长阶段、灌区来水情况、电力供应条件、农业承包制度和劳动力安排等都有关系。在设计微灌系统时，就要充分考虑上述因素及它们之间的制约关系。但是，在每年的灌溉期上述因素或多或少都会发生这样或那样的变化，这就要求相关人员进行科学合理的安排，使微灌系统正常运行，充分发挥作用。

1. 种植作物的结构变化对微灌系统运行的要求

在同一个微灌系统中，种植的作物种类及其比例对轮灌运行是有直接影响的。若一个微灌系统内种植的是同一种作物，则微灌系统按照设计的轮灌制度运行。若种植的作物不同，尽量做到在设计工况的轮灌组内种植同一种作物，以利于轮灌组按设计工况运行。若不能做到这一点，则要求同一轮灌组内的面积不能超过设计工况的面积，不能为了照顾同一种作物在一个轮灌组内灌水而任意扩大该轮灌组的面积。

2. 作物需水高峰期对微灌系统运行的要求

在设计微灌系统时，首部枢纽和管网系统及其与之配套的各种附属设施的容积、能力等均是按照作物需水量峰值的要求制定的。因而，在作物需水高峰期，微灌系统必须严格按设计工况下轮灌运行的分组及所确定的各种运行参数运行，不能随意改变，否则，微灌系统将不能正常运行，严重时将损坏或导致其他严重后果。

3. 作物各生长阶段对微灌系统运行的要求

在作物各生长阶段，其日耗水强度是不同的，比设计时采用的日耗水强度峰值要小。因为作物各生长阶段的降水、地下水补给条件是不同的，所以作物所需的灌溉补充强度也是不同的。因而，要合理地确定作物整个生长期的设计灌溉制度，求出各阶段的灌水定额，以对作物各生长阶段实施适时适量的灌溉。在作物非需水高峰期，如作物的幼苗期或生育后期，一般日耗水强度较小，为系统轮灌分组调整提供了条件，但调整前必须做好运行设计，绝不能随意改变原设计轮灌分组及运行参数。例如，不能在运行时凭目测或估计随意调节支管或分干管进口阀门来改变流量或压力。因为微灌系统内任何一处水力状态的改变，都会使全系统水力状态发生变化，导致整个系统灌水达不到设计要求。因此，可靠、正确的办法是按设计工况下的轮灌分组运行，按本阶段作物日耗水强度及灌溉补充强度求出灌水器一次灌水延续时间，以适应作物日耗水强度减小的情况。或者根据当时的水源、电力等情况，仍然按照作物日耗水强度峰值时求得的灌水定额进行，但需延长灌水周期，以满足同样的要求。

第四节　渗灌技术

一、渗灌技术原理

渗灌是一种地下微灌形式，是在低压条件下，根据作物需水量，通过埋设在作物根系活动层的灌水器（微孔、多孔渗灌管），定时定量地向土壤渗水供给作物。

渗灌具有能减少土壤表面的无效蒸发、省水、节肥、省工、增产、提高果品品质、管理方便等优点。目前，国内外采用较多的渗灌有两类：一类是利用废旧轮胎橡胶制成的发汗管灌溉，也称微孔渗灌管灌溉；另一类是将塑料管打孔制成多孔渗灌管用于灌溉。

二、渗灌技术指标

（一）微孔渗灌的技术指标

微孔渗灌的技术指标包括管道间距、管道埋设深度、供水压力和最大管道长度。

1. 管道间距

渗灌的管道间距主要决定于土壤和供水水头。若土壤颗粒细，管道间距可增大。在决定管道间距时，应该使相邻两条管道的浸润曲线一部分重合，以保证土壤湿润均匀。一般沙质土壤中的管道间距较小，而黏重土壤中的管道间距较大。若管道中的压力大，管道间距可以较大，无压渗灌的管道间距较小。通常沙土渗灌管道间距为 50 ~ 100 cm，沙壤土渗灌管道间距为 90 ~ 180 cm，黏土渗灌管道间距为 120 ~ 240 cm。

2. 管道埋设深度

管道埋设深度决定于土壤性质、耕作情况及作物种类等。确定管道埋设深度时，首先要考虑各种作物的根系深度和土壤质地，应使灌溉水借毛细管作用能充分湿润土壤计划湿润层，达到表层土壤足够湿润而深层渗漏最少的目的。一般果树根系较深，管道埋设深；大棚蔬菜根系较浅，管道埋设浅。黏质土壤中管道埋设深，沙质土壤中管道埋设浅。其次管道埋设深度应大于一般深耕所要求的深度，并考虑管道本身的抗压强度，管道不应因拖拉机或其他农业机械的行走而损坏。最后要考虑当地冻土层深度，不能使渗灌管中的余水造成管道冻裂。通常对于黄瓜、茄子、西红柿、青椒等蔬菜，管道埋设深度为 20 ~ 30 cm；对于果树，管道埋设深度为 35 ~ 40 cm；对于大田作物，管道埋设深度为 25 ~ 35 cm。

3. 供水压力和最大管道长度

采用微孔渗灌时，供水压力和管道长度直接影响灌水均匀性，因此要根据所选用的微孔渗灌管的技术参数和经验数据确定供水压力和最大管道长度。一般国内外生产的微孔渗灌管的压力水头在 5 ~ 15 m，微孔渗灌管的埋设长度限制在产品给定的最大埋设长度以内，地埋时最长不超过 60 m。

进行渗灌设计时，由于压力较低，要尽量减少管道局部水头损失，同时要采用严格的过滤设施，一般建议采用 200 目以上的过滤器，同时过滤器的过水面积要大，避免产生过大的水头损失。

将塑料管打孔作为地下渗灌管的做法投资少，简单易行，设计时主要考虑管径、管距、孔径、孔距、允许最大管道长度及供水压力。要严格控制打孔孔径、孔距。孔径过大、孔距过小，容易导致管道末端无水；孔径过小又容易堵塞。打孔时应采用电钻，同时管道上最好不要设连接件，以防止局部气阻，并增大局部水头损失。埋设管道时应防止管道弯折，避免造成末端无水的情况，同时末端要露出地面一定高度用来排气，排气结束后，堵住排气端。防堵塞是渗灌的关键，建议在滴水孔上设置防堵套。同时，可以在管道进口处统一设置 50目左右的大面积过滤网，并且防止过大的局部水头损失。

（二）瓦罐渗灌的技术指标

瓦罐渗灌在我国有较长的历史。在北方一些干旱地区，如宁夏、山东等地应用瓦罐对瓜类、果树、玉米等作物进行渗灌取得了较好的节水增产效果。瓦罐渗灌的灌水器由不上釉的粗黏土烧成，四周有微孔（也有在罐壁按一定间距钻孔径为 1 mm 的微孔的），灌水时需人工向罐内注水，水从罐四周的微孔渗出，借助土壤毛细管的作用，渗入作物根区。瓦罐底面不打孔，壁厚 4 ~ 6 mm，上口加盖，盖中心留 10 mm 直径的圆孔，供进排气及向罐内注水。瓦罐渗灌的渗水半径随土质的不同而不同，一般可达 30 ~ 40 cm，埋深 30 ~ 40 cm，可就地取材，造价便宜，适用于株行距较宽的作物，如瓜类、玉米、果树。播种时随即埋设瓦罐。

对于果树，瓦罐应埋设在树冠半径的 2/3 处。

三、使用渗灌技术应注意的问题

（1）应用多孔渗灌管的渗灌，适合温室、果树、蔬菜、花卉和一些庭院种植作物。但国外设备造价高，购买进口设备用于生产不适合国情。国产设备刚试制生产，性能还不够稳定，需进一步研制与改进。特别是在大田作物上的应用，应当深入当地进行试验研究。

（2）将管壁打孔的塑料管作为渗灌管的渗灌，虽技术简单、投资低，但灌水均匀度低，使用寿命短，在水源缺乏的干旱地区，可在小面积的果园中试用。

（3）瓦罐渗灌技术较简单、造价低，在干旱缺水地区，可以用于果园和大田稀植作物的抗旱保苗或灌溉关键水。

（4）无论采用哪种渗灌管，都必须严格控制水质，除过滤外，还应经常排污、冲洗，有条件时进行化学处理，以延长使用寿命。

（5）在北方较寒冷的地区，渗灌管埋设在冻土层可能会发生管道冻裂，要慎重选用。

本章小结

本章主要介绍了微灌技术要素、微灌系统的组成与分类、微灌系统的设备、微灌工程规划与设计、微灌工程施工和运行的要求、渗灌技术等。若有条件，建议到实际工程中参观学习，加深对微灌系统的理解。

复习思考题

1. 什么是微灌？微灌有哪些类型和特点？
2. 微灌系统的主要技术要素有哪些？
3. 微灌系统由哪几部分构成？有哪些主要类型？
4. 如何进行微灌系统的规划和设计？
5. 对比分析低压管道灌溉、喷灌、微灌和渗灌的优缺点。

第七章 节水灌溉自动化技术

本章提要

节水灌溉自动化技术能够有效提高灌区管理水平和实现灌溉水高效利用目标，是实现灌溉现代化的有效举措。目前，节水灌溉自动化技术主要用于水量计量、灌溉自动监测与实时灌溉预报等方面。

主要内容

1. 节水灌溉自动量水技术。
2. 节水灌溉自动监测技术。

学习目标

1. 掌握：渠道及管道量水技术与设施。
2. 熟悉：IC卡灌溉管理系统。
3. 了解：节水灌溉自动监测技术。

第一节　节水灌溉自动量水技术

一、概述

量水是灌区节约用水、提高灌水质量和灌溉效率的有效措施，是执行用水计划过程中准确引水、输水、配水和灌水的重要手段，也是核定和计收水费的主要依据。

灌溉水量的测量工作一般是由灌区渠道管理员承担的，他们沿渠道巡视并观测水位和闸门开度或读取灌溉管道上量表的读数。而在灌溉自动控制系统中，中控室的调度人员利用灌溉自动控制系统中的测量仪表，通过有线或无线通信的方式监测水量信息。

在自动测量过程中，水位、流量、闸门开度、警报、电源故障和其他现场信息都可通过测量仪表系统转换成电信号，现场设备根据这些电信号进行控制，同时这些信息也被发送至中控室，调度人员对其进行记录并据此做出决策。

21世纪灌溉农业发展的趋势是灌溉管理走向现代化、自动化和智能化。量水是灌溉管理的重要内容之一，目前自动量水技术的研究开发尚处于发展阶段。概括起来，自动量水设备可分为两类：一类是给传统量水设施安装自动化仪表，实现水量的自动计量；另一类是集成化的自动量水控制系统。

二、渠道量水技术与设备

渠道量水按照量取的数据可分为水位测量和流量测量两大类。其中，水位测量的应用更为普遍，其与堰和闸等相结合还可计算流量。水位测量或流量测量需由相应的传感器完成，传感器和测量仪表是远端装置的重要组成部分。测量仪表将测量的数据数字化并传输至中心计算机或中心控制设备。

（一）传感器和测量仪表

传感器和测量仪表一般包括 A－D 转换器、信号调节设备等。信号转换可以一步完成，也可以分步完成。例如，数字式轴角编码器可以将循环的机械运动直接转换成数字信号，也可以先将机械信号转换成模拟信号，再通过 A－D 转换器转换成数字信号，经过标定和补偿，这些数字信号就转换为渠道自动控制系统的实际数据，如闸门开度、流量、绝对水位或相对水位等。信号的标定和补偿可以由测量仪表系统完成，也可以由远端装置运算器或控制器完成，还可以由中心控制器完成。将数字信号进行转换、标定和补偿，并以工程单位显示渠道自动控制系统的有关参数，便于调度人员理解和对渠道灌溉系统进行控制。

各种各样的传感器都可用于渠道自动控制系统，实际中应根据传感器的适用性、精度、费用以及是否易于维护等情况来确定。常用的传感器有电位计、数字式轴角编码器、线性变动差变压器、测斜仪（角度变送器）和压力变送器等。

（二）渠道水位测量

传统的水位测量方法是在测量断面设立水尺，人工定时观测水位，这种测量方法已不适应自动化迅速发展的需要，现在已经开发了大量的自动观测记录水位的设备，用以代替人工观测。

自动观测记录水位的设备有自记水位计、水位数据存储器等。自记水位计是现今常用的水位观测仪器，可以连续记录水位变化过程。自记水位计的类型很多，如按水位传感方式划分，主要有浮子式自记水位计、压力式自记水位计和超声波式自记水位计。此外，还有触针式自记水位计、电容式自记水位计、电阻式自记水位计等，它们各自适用于不同的情况。

（三）渠道流量测量

流量是单位时间内通过渠道或控制建筑物断面的水的体积。流量在保持渠道内的水量和水的传输以满足用户需求方面十分有用。除了充水、排空和调整流量阶段，进入渠道的流量必须与流出渠道的流量相匹配。

渠道运行一般以流量来描述，因此流量测量十分重要。此外，水管理、灌水计划、分水和供水等也都是以流量表述的。流量测量的难度比水位测量大。多数情况下，流量测量是通过一个或多个水位测量、渠道断面测量和标定实现的。此外，渠道特征流量通常以水位的形式给出，如单位时间内的允许最大水位降幅、溢流水位、最小输水水位及安全超高等。渠道自动控制系统中测量流量的仪器主要有超声波流量计、闸门式流量计、流速流量仪、潜水型电磁流量计等。

使用槽和堰测定流量源于水位测量。堰和槽通常被率定为水位流量关系。通过关系曲线或图表，可以将水头转换为流量。

测量流量的方法有多种，但大多数是通过测量水位来计算流量的。很多系统是对水位和流量同时进行测量的。

三、管道量水技术与设备

（一）差压式流量计

差压式流量计又称为文丘里流量计，一般用于管道系统流量测量。差压式流量计没有移动部件，不需要经常维护，而且水头损失小，测量精确。其工作原理是在一个闭环系统中，同样的流量在通过较小的过流断面时的流速比通过较大的过流断面时大。

由于能量守恒，流速增大必然导致压力减小；相反，压力升高也会导致流速降低。从进口到喉道的压力减小量直接与通过的流量相关，因而可以用来确定流量。

流量与水头和流量计尺寸间的关系如下：

$$Q = \frac{C_d A_2 \sqrt{2gh}}{1 - r^4} \tag{7-1}$$

式中，A_2 为喉道断面面积（m^2）；h 为上下游断面压力差（m）；g 为重力加速度；r 为喉道直径与管道直径的比率；C_d 为压差式流量计的流量系数，随着喉道流速和直径的变化，流量系数在 $0.935 \sim 0.988$ 变化。

差压式流量计通常由能将流体流量转换成差压信号的节流装置（或流量传感器）和测量差压并显示流量的差压计（或差压变送器）组成。

由于差压式流量计的价格较高而且只能用于管道系统内水流为满管流的情况，其在灌溉系统中的应用受到了限制。随着压力管道对高精度流量测量需求的增加，这类流量计在将来有望大量应用。目前，市场上已有多种型号的差压式流量计，可以满足不同的需求。

（二）水表

水表是一种连续测量水量的积算式流量计，分为两类：一类是容积式水表，如旋转活塞式流量计、圆盘式流量计等；另一类是利用水流推动叶轮旋转并累计流量的叶轮式水表，也称速度式水表。前一类价格较高，主要用于试验；后一类用于实际水量测量。典型的产品如下。

1. 旋翼式水表

水流以切向流方式冲击水表叶轮，如德国 Bopp and Reuther（B&R）公司的产品，在国内外有大量应用。旋翼式水表的口径一般为中小口径，如 15 mm、20 mm、25 mm、32 mm、40 mm 等（如德国 B&R 公司的 OPTIMA 2000 型水表），最大可达 400 mm（如日东精工株式会社的 DW 型水表）。旋翼式水表又可分成单流速（或称单箱旋翼式）水表和多流速（或称复箱旋翼式）水表两种，如图 7-1 所示。

2. 水平螺翼式水表

水平螺翼式水表又称为伏特曼水表，水流以轴向流方式冲击水表叶轮。这种水表的流通能力大，压损小，适合在大口径管路中使用。其口径一般为 50～500 mm，最大可达 900 mm。水平螺翼式水表的结构如图 7-2 所示。

水表按其他分类方法，还可以分成：湿式水表、干式水表和液封式水表；指针式水表和字轮式水表；家用（民用）水表、工业用水表、消防用水表和标准水表；冷水表和热水表；普通水表和高压水表；指示型水表、远传型水表和定量水表。此外，还有复式水表、分流式水表和电子水表等特殊型水表。如今，数传型水表、电子水表在管道自动控制系统中的应用逐渐普遍起来。

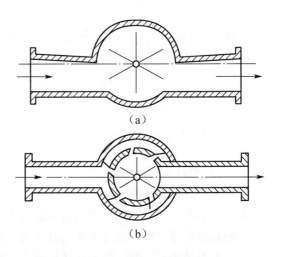

图 7-1　旋翼式水表结构示意图

（a）单箱旋翼式水表；（b）复箱旋翼式水表

在管道自动控制系统中，远传型水表与压差式流量计联合用于管道流量测量。文丘里分流式水表就是其中的一种，它是由文丘里管及装于旁路中的水表组成的（图 7-3）。

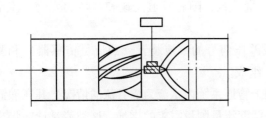

图 7-2　水平螺翼式水表结构示意图

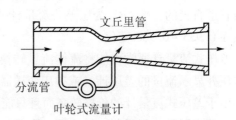

图 7-3　文丘里分流式水表结构示意图

旁路水表流量由文丘里管的压差决定，此压差又与文丘里管流量的平方成正比，因而文丘里管流量与旁路水表流量成固定比例，由测出的水表流量可得到总流量。其特点是测量流量大，压力损失小。

（三）电磁流量计

电磁流量计是 20 世纪 50 年代至 60 年代随着电子技术的发展而迅速发展起来的新型流量测量仪表。它是根据法拉第电磁感应定律制成的用来测量导电液体体积流量的仪表。由于其独特的优点，目前已被广泛地用于各种导电液体的流量测量，如各种酸、碱、盐等腐蚀性介质，易燃易爆介质，污水以及化工、食品、医药等工业中的各种浆液，形成了独特的应用领域。

在结构上，电磁流量计由传感器和转换器两部分组成，如图 7-4 所示。传感器安装在管道上，它的作用是将流进管道的液体体积流量线性地变换成感应电动势信号，并通过传输线将此信号送到转换器。转换器安装在离传感器不太远的地方，它将传感器送来的信号放大，并转换成与流量信号成正比的标准电信号输出，以进行显示、累计和调节。

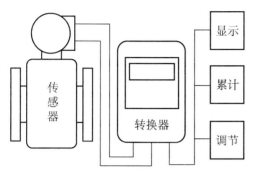

图7-4　电磁流量计的组成

电磁流量计的主要优点如下：

（1）电磁流量计的传感器结构简单，测量管内没有可动部件，也没有任何阻碍流体流动的节流部件。所以当流体通过电磁流量计时不会引起任何附加的压力损失，是运行能耗非常低的仪表之一。

（2）可测量脏污介质、腐蚀性介质及悬浊性液固两相流的流量。这是由于仪表测量管内部无阻碍流动部件，与被测介质接触的只是测量管内衬和电极，其材料可根据被测介质的性质来选择。例如，用聚三氟乙烯或聚四氟乙烯做内衬，可测量各种酸、碱、盐等腐蚀性介质；采用耐磨橡胶做内衬，可测量带有固体颗粒的、磨损较大的矿浆、水泥浆等液固两相流，带纤维液体，以及纸浆等悬浊性液体。

（3）电磁流量计是一种体积流量测量仪表，在测量过程中，它不受被测介质的温度、黏度、密度及电导率（在一定范围）的影响。因此，电磁流量计只需经水标定后，就可以用来测量其他导电性液体的流量。

（4）电磁流量计的输出与被测介质的平均流速成正比，而与对称分布下的流动状态（层流或紊流）无关。所以，电磁流量计的量程范围极宽，可达100∶1，有的甚至达1 000∶1。

（5）电磁流量计无机械惯性，反应灵敏，可以测量瞬时脉动流量，也可以测量正反两个方向的流量。

（6）工业用电磁流量计的口径范围极宽，从几毫米到几米，而且国内已有口径达3 m的实流校验设备，为电磁流量计的应用和发展奠定了基础。

电磁流量计的主要缺点如下：

（1）不能用来测量气体、蒸汽及含有大量气体的液体。

（2）不能用来测量电导率很低的液体介质，如对石油制品或有机溶剂等介质，目前电磁流量计还无能为力。

（3）普通工业用电磁流量计受测量管内衬材料和电气绝缘材料的限制，不能用于测量高温介质；如未经特殊处理，也不能用于低温介质的测量，以防止测量管外结露（结霜）而破坏绝缘性能。

（4）电磁流量计易受外界电磁干扰。

四、IC卡灌溉管理系统在节水灌溉中的应用

IC卡灌溉管理系统是将计算机、IC卡自动控制技术应用于农业灌溉的系统。其工作原

理是：利用 IC 卡对每个用户进行建档管理，配合计算机进行控制。具体做法是：为每个用户发放一块 IC 卡，IC 卡内写有用户的名字和密码，用户预交水费写入卡中，用户在智能卡灌溉管理机上插卡开机提水，系统自动计时计费，从卡中扣除所需费用。若卡中水费用尽或 IC 卡被取出，则无法提水灌溉。

（一）IC 卡灌溉管理系统的组成

IC 卡灌溉管理硬件系统由中心控制系统和多台安装在泵房的分机组成。中心控制系统是指发卡机或内置读卡器的计算机（通常称为发卡计算机）。分机指智能卡灌溉管理机。IC 卡灌溉管理软件系统由系统维护子系统、卡片管理子系统、分机管理子系统、综合统计子系统、安全加密子系统、辅助子系统等构成。该系统可以完成对数百台智能卡灌溉管理机的综合管理。为适应农村计算机尚未普及的情况，该系统配置了专用的发卡机。

（二）IC 卡灌溉管理系统的特点

1. 管理功能强大

（1）计量功能：某一用户灌溉时，先将 IC 卡插入智能卡灌溉管理机，按下"开"键，则自动启动柜控制水泵开机上水。同时，智能卡灌溉管理机自动计时，并按设定的流量计算实际用水量。灌溉完毕，按下"关"键，则智能卡灌溉管理机自动停止运行，从而中断供水。这既提高了精度，又减少了工作量。

（2）收费功能：智能卡灌溉管理机在计算水量的基础上，按定额计算出水费，从预交水费中扣除本次使用的费用，并显示卡中余额。用户须申报用水计划，管水单位根据用户的申报，预收水费，并将其写入 IC 卡，由智能卡灌溉管理机进行控制，水费接近用完时系统发出警报，用户再交费，方可继续用水。水费的写入、读取可随时在管水单位控制中心进行。

（3）打印功能：IC 卡灌溉管理系统可以对发卡数量、收入金额等进行统计并打印成报表。

（4）统计功能：IC 卡灌溉管理系统能对用水情况进行详细统计，这不但可以加强用水管理，还可以为科学用水提供依据。

2. 控制灵活

IC 卡灌溉管理系统可进行远距离联网控制，也可为不能联网的小范围应用提供单独服务。由于系统内部划分了子系统，故其能适应现在农村中的一个区域（如乡镇、自然村）划分为若干个小区域的情况。

3. 适应性强，使用寿命长

IC 卡灌溉管理系统中的机井智能卡管理机配合相应的附属设备可以控制各种功率的机井，而且根据农村电网的实际情况做到宽电压设计，在 320 ~ 420 V 交流电压下仍可稳定工作。

IC 卡灌溉管理系统采用可靠性高的元器件，能适应北方的恶劣气候。分机能适应温度为 253 ~ 313 K、湿度为 20% ~ 95% 的极端环境，具有防潮、防水、防尘的功能。该机内置非法卡保护电路，可以防止各种不同的卡片（如铁片、塑料片等）插入造成危害。智能卡及各分机均符合 ISO 7816 标准，可长久重复使用，设计使用寿命超过 10 万次。

4. 安全性高

IC 卡灌溉管理系统使用的智能卡采用先进的系统加密技术，使用安全。运行过程中，自动启动柜能够配合其他部件，实现水泵的自动控制，并对水泵的缺相、欠压、过压、过流及其他不正常运行进行随时检测，确保水泵安全运行。

（三）IC 卡灌溉管理系统的运行效果及效益分析

1. 自动化水平提高

将计算机技术、IC 卡技术和单片机自动控制技术应用到灌溉中，提高了灌溉的自动化水平，有利于节水农业的发展。该系统的应用，也有利于农村灌溉方面的财务公开以及干群关系的良性发展。

2. 效益分析

（1）经济效益。每眼机井安装 IC 卡灌溉管理系统的投资约为 1 000 元，每眼机井可灌溉 3.3 ~ 6.7 hm²，与未安装该系统的灌区相比，每公顷地年均节水 75 m³，节电 30 kW·h，每眼机井每年节水折合费用和增收的灌溉费用达上千元，当年就可将成本收回，之后每眼机井每年都可净收上千元。

（2）社会效益。IC 卡灌溉管理系统具有预先收费、收费标准公开、减费过程动态可见、不需专人值守等特点，从而较好地解决了水费计收困难、争水抢水发生、水资源浪费、计量失真、收费时经常发生纠纷等突出问题，对提高群众自觉节水意识和密切干群关系具有重要的意义。

第二节　节水灌溉自动监测技术

一、自动观测气象站

自动观测气象站是由电子设备或计算机控制的自动进行气象观测和资料收集传输的气象站，主要用于气压、气温、相对湿度、风向、风速、雨量、土壤温度等基本气象要素的自动采集、处理和存储。自动观测气象站由计算机实时控制、采集、处理和生成气象业务所需的实时、非实时资料及各种报表，可以连续自动测量各种气象要素值，完全代替了观测员的工作。自动观测气象站的投入使用是我国气象现代化建设的重要标志之一，对减轻气象台（站）地面观测员的劳动强度、提高地面测报的准确率和工作效率具有非常重要的意义。

自动观测气象站是进行全自动智能农业灌溉的关键成套设备之一。

（一）自动观测气象站的工作原理

自动观测气象站是由单片机进行实时控制和采集处理的气象数据自动观测系统。自然环境中各种气象要素的变化，使各个传感器输出的电量也发生相应变化，由单片机控制的数据采集器能实时采集这种变化。这种变化经预处理后，可生成各种气象要素的实时值，并被显示和存储，最后经微机处理，生成气象业务所需的实时、非实时资料及各种报表。

（二）自动观测气象站的类型

1. 按照通信方式划分

（1）有线遥测气象站：由气象传感器、接口电路、微机系统、通信接口等组成，仪器的感应部分与接收处理部分相隔几十米到几千米，其间用有线通信电路传输。传感器将气象信息转换成电信号由接口电路输出。微机系统是它的心脏，负责处理接口电路及观测员通过键盘输入的信号，并将处理结果输出显示、打印、存盘，也可通过接口电路送到信息网络服务系统。有线遥测气象站早期用于实时查询气象资料，现在逐渐取代气象站日常主要观测工作。

（2）无线遥测气象站：也称无人气象站，能自动观测、自动发报、自动整理及远距离控制，一般安置在荒无人烟的沙漠、远离大陆的海岛、人迹罕至的雪域高原等地。无人气象站一般由传感器、变换器、数据处理装置、资料发送装置、电源等部分组成。变换器将传感器感应的气象参数转换成电信号；数据处理装置对这些电信号进行处理，再转换成对应的气象要素数据；经过处理的气象要素数据按规定的格式编排，经资料发送装置用有线或无线方式传给用户，或存储在固定位置，由用户定期回收；电源是为无人气象站正常工作提供动力的，通常使用蓄电池，并用太阳能给蓄电池充电。整个系统由一部微机按事先编好的程序进行管理。

2. 按照功能划分

自动观测气象站主要可以分成提供实时资料的实时自动观测气象站和记录资料供非实时或脱机分析的脱机自动观测气象站两类，也有同时具备这两种功能的自动观测气象站。

（1）实时自动观测气象站：实时向用户提供气象观测资料，既包括能在规定的时间实时提供气象观测资料的自动观测气象站，又包括能在应急环境下或根据外部要求提供实时资料的自动观测气象站。

（2）脱机自动观测气象站：这一类型的自动观测气象站的观测点负责记录观测资料，资料存储在内部或外部存储设备中，并有实际资料显示功能，如需把存储资料发送给远距离的用户，观测员应进行干预。

（三）自动观测气象站的基本结构

一个完整的自动观测气象站可分为基本硬件与软件两部分。基本硬件主要包括传感器、中央处理系统和其他外部设备。软件包括系统软件与气象应用软件。下面主要介绍基本硬件组成。

1. 传感器

传感器将各气象要素的变化转换成电量的相应变化，以便完成自动测量。传感器一般环绕气象支柱安装，放在合适的环境保护罩内，通过屏蔽电缆、光纤或无线电方式连接到中央处理系统。自动观测气象站所用传感器的气象要求与通常使用的传感器差别不大。它们必须是坚固的，在对所测变量的采样过程中没有实质性的偏差和不确定度。总体来说，所有输出电信号的传感器都能在自动观测气象站中使用。根据输出电信号的特点，传感器一般可以分为模拟传感器、数字传感器和智能传感器三种。

（1）模拟传感器是最常用的传感器，输出的是电压、电流、电荷、电阻或电容，然后通过信号整形，把这些基本信号转换成电压信号。

（2）数字传感器是输出并行数字信号、脉冲和频率信号的传感器。其输出由二进制位或二进制位组组成的信息。

（3）智能传感器是一种带有微处理功能的传感器，能进行基本的数据采集和处理，可以输出并行或串行信号。

2. 中央处理系统

中央处理系统是自动观测气象站的核心部分，用于从传感器采集数据，转换成计算机可读的格式，并利用微处理器系统，根据特定的算法，对数据进行适当的处理，临时存储处理后的资料，把气象信息传送给远处的用户。它的配置主要取决于所需功能的复杂程度，以及是否有现成的专门硬件。

现有大多数自动观测气象站的功能是由微处理器系统完成的，因此这种系统要尽可能安装在靠近传感器的不受天气影响的防护箱内，或安装在当地的室内。这种系统安装在传感器附近，可以减少传送的数据量，使那些数据能够以适当的形式直接与标准通信通道相连。但在这种情况下，系统易受电源故障影响，必须采取保护措施，使其不受室外工作环境的影响。如果这个系统安装在室内，那么其一般与市电连接，并在正常的办公室环境中工作。

3. 其他外部设备

其他外部设备包括为自动观测气象站各个部分供电的稳压电源、实时时钟、用于自动监测自动观测气象站关键部分状况的内置式测试设备、根据需要而增加的用于人工输入和资料编辑的用户端口、显示和打印设备、记录器等。

二、土壤墒情自动监测技术

（一）土壤墒情的概念

土壤墒情是指作物根系层土壤含水量状况，是十分重要和常用的土壤信息之一，通常用土壤湿度（土壤含水量）或土壤水张力（负压）来表示，受土壤、气象、作物和灌溉排水等多种因素的影响，随时间不断变化。它是科学控制土壤水分状况、进行节水灌溉、实现科学用水和灌溉自动化的基础。快速、准确地测定农田土壤墒情，对于探明作物生长发育期内土壤水分盈亏，以及正确做出灌溉排水决策等具有重要意义。

土壤墒情预报主要是田间土壤含水量的预报，是进行灌溉预报的前提。通过土壤水分监测和墒情预报，可以严格按照土壤墒情浇关键水，使灌溉水得到有效利用，达到节水高产的目的。因此，研究区域土壤墒情预报是建立节水灌溉决策系统的重要内容。

（二）土壤墒情的主要测量方法

长期以来，人们采取多种措施调节土壤墒情，使其满足作物正常生长的需要。要调节土壤墒情，就必须了解土壤墒情状况，也就是要了解土壤含水量的情况。除了以经验的方法定性地判断土壤墒情外，利用仪器测量土壤墒情早在300多年前就已经开始。几百年来，人们研究和发展了上百种测量土壤墒情的方法。总结长期以来的研究成果，将土壤墒情的主要测量方法分类如下。

1. 烘干法

烘干法又称为重量法，是公认的较为经典和精确的方法，曾得到广泛应用，是一种直接测定的方法。烘干法的优点是简单易行，有足够的精度，可以检验其他方法的准确性。缺点是一般情况下只能测定土壤重量含水量，且必须已知土壤容重才能求得体积含水量或土体储水量，取样及测定时间长，且要扰动土壤，所以较难实现定点连续监测土壤水分的动态变化。

2. 放射法

最常用的放射法为中子仪法。其测定原理是将中子源埋入待测土壤中，中子源不断发射快中子，通过测量快中子与土壤水分中氢原子碰撞而转化为慢中子的数量来感知土壤水分状况。中子仪法的优点是可在现场直接测定而不破坏土壤结构；可测出平均含水量随深度的变化，并可定点连续监测，从而得到该样点土壤水分动态运动规律；快速准确，无滞后现象。缺点是深度分辨不准确，表层测量困难，只能测得一定范围内土壤的平均含水量，无法测得点含水量的绝对值；仪器有辐射，危害人体健康。因此，中子仪法目前没有得到广泛应用。此外，还有 γ 射线法、C 射线法等，主要在室内应用，且考虑到安全因素，应用也比较少。

3. 张力计法

张力计法是通过测量土壤水分张力（负压）来显示土壤水分状况的方法。多年的研究结果表明，用土壤水吸力作为作物需灌指标是比较合理的。该法的优点是结构简单，易于操作，可直接测量出土壤水势，对土壤结构破坏较少，因此使用较为广泛。缺点是只能测量土壤的基质势，且只有在知道土壤水分特征曲线时才能计算出土壤含水量；当土壤干湿交替变化频繁时，不易测量准确；张力计具有滞后性，往往不能及时反映土壤水分状况。

4. TDR 法

TDR（time – domain reflectometer）是时域反射仪的简称，是根据电磁波在介质中的传播速度来测试介质的介电常数的仪器。TDR 法实际上是一种利用电磁脉冲进行测量的方法，从 20 世纪 80 年代初开始发展为一种基于土壤介电常数来测定土壤含水量的方法。测定原理是：TDR 发出的电磁波在土壤介质中传播时，其传导速度的衰减取决于土壤的性质，特别是土壤含水量，据此由测定的速度与介电常数的关系、介电常数与体积含水量的关系推导出土壤含水量。

TDR 价格比较昂贵，且不适于盐碱土的测量，故其应用受到一定限制。但 TDR 测定的土壤表层的含水量比中子仪法精确，特别是在测样点多时，它能自动、连续地监测土壤含水量，且快速、安全、方便、不需标定，是一种值得推广的土壤水分测定方法。

5. 遥感法

利用星载或机载传感器从高空遥感探测地面土壤湿度状况的方法均归入遥感法。遥感法可分为表观热惯量法、干旱指数法、植被指数法等。采用遥感法测定土壤含水量，主要依赖于对从土壤表面反射或散出的电磁能的测定。随土壤含水量的变化而变化的辐射强度主要受土壤介电特性（折射率）或土壤温度的影响。

经典的土壤水分测量方法，如称重法、中子水分探测法等，因采样速度较慢、范围有限而限制了应用。有时在农水管理中往往需要迅速地知道大面积土壤水分分布状况，这对常规方法来说是很难实现的。遥感法可以迅速、多时相地获得某一地区大面积土地墒情信息，具有分辨能力强、视野大、时效快的优点。但其监测精度较差，且只能监测 5~10 cm 厚的表层土壤含水量，这使其应用受到一定的限制，目前大多用于科学研究。

（三）土壤墒情的自动监测

传统的人工测量土壤水分状况的方法费时费力，又很难实现适时定量灌溉。节水灌溉系统的自动化首先要求对土壤墒情的监测实现长期定位的自动化测量。随着土壤水分传感器及计算机在农业中的广泛应用，立足于土壤墒情自动监测系统的灌溉自动控制系统和智能灌溉系统得到了越来越多的应用。

土壤墒情自动监测系统一般由土壤水分传感器、数据采集转换器、中央计算机等组成（图 7-5），而且往往与灌溉自动控制系统联合应用。

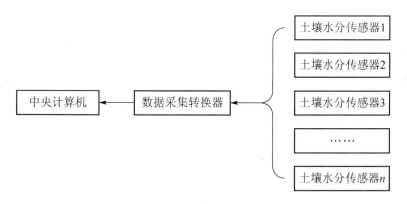

图 7-5 土壤墒情自动监测系统

土壤水分传感器负责土壤水分信息的测定、收集和自动发出；数据采集转换器用于将土壤水分传感器发出的电信号转换为计算机可以识别的数字信号，并按照设置程序定时或实时地向计算机输送信息；中央计算机用于整个系统的控制，按照设定的程序接收土壤墒情信息，并进行有关水分数据的记录、分析和处理，经与预先设定的各种土壤水分控制阈值对照，有时还要结合气象因素、作物本身因素等有关信息，自动进行综合灌溉决策并发出命令，控制灌溉系统的自动运行。

目前应用效果较好的土壤水分传感器是具有自动监测功能的时域反射仪，另外张力计由于价格便宜，也得到了广泛的应用。

三、作物水分诊断技术

（一）作物水分诊断原理

目前作物水分诊断的方法可分为间接估算、直接测定和综合法三类。间接估算根据对引起作物水分亏缺的环境因素（如土壤湿度或水势、空气湿度等）的测定诊断作物水分状况；直接测定是指对作物自身水分状况的直接测定；综合法根据环境因素和作物本身的生理指标来综合诊断作物水分状况。研究证明，植物的生长发育直接受叶片水分状况的影响。因此，作物的水分状况并不仅仅取决于土壤的水分状况，还与大气蒸发量的变化、作物根系分布状况、作物生长及生理特性、水分输导能力等有关，而且作物水分不足首先会反映在作物生理指标上，常表现为叶片相对含水量和叶水势下降、叶片温度增高、气孔水汽扩散阻力增加、茎秆直径变化大等，因此直接监测作物本身的生理变化来确定作物水分状况并作为灌溉的依据，比利用土壤水分状况进行判断更可靠，作物水分状况的实时监测与诊断技术已成为精确灌溉的基础和保障。

（二）作物水分诊断方法

利用作物本身有关指标进行作物水分诊断的方法有许多种。目前常用的指标是以作物本身为测定对象的叶水势、气孔导度（气孔阻力）、茎秆直径变化和冠层温度等。

1. 叶水势

叶水势反映了土壤和大气条件对作物体内水分可利用性的综合影响。大量研究表明，叶水势影响叶片扩展生长、光合作用进行及光合产物传输等过程。例如，对玉米的试验表明，在水分亏缺时光合作用与叶水势的关系比与气孔阻力的关系更密切，而在控制环境下的进一步研究发现，当玉米叶水势降至 -0.2 MPa 时，叶片生长速度开始减慢；当叶水势降至 $-0.9 \sim -0.7$ MPa 时，叶片扩展生长停止。研究表明，棉花的叶片生长速率的下降与每日最低叶水势的下降呈线性关系；小麦旗叶的光合和蒸腾速率随叶水势的降低而线性下降，当叶水势降至 $-3.3 \sim -3.1$ MPa 时，光合作用停止。尽管影响叶水势的因素很多，但土壤水分是影响叶水势变化的重要因素，即叶水势总是随着土壤含水量的不断减少而下降。因此，许多学者主张用叶水势指示土壤水分亏缺状况，并由此进行作物水分诊断。

叶水势除了受土壤条件的影响外，在一天中还会随大气条件的变化而变化。研究表明，与午后叶水势最低值相比，凌晨叶水势受大气变化的影响较小，可以更好地反映作物水分状况。

2. 气孔导度

气孔是 CO_2 和水分进出植物体的通道。叶片的气孔导度与蒸腾之间具有显著的相关性，气孔导度大，蒸腾就强；反之，蒸腾就弱。水分胁迫下气孔器体积变小，气孔密度增大，输导组织发达，利于水分及营养物质的保持和交换。气孔可在许多外部和内部因素的作用下，通过调节其开张程度来控制光合作用和水分蒸腾速率，因而在作物的生理活动中具有重要的意义。研究表明，气孔导度随着土壤可吸水量的增加而线性下降，当土壤可吸水量达到某一临界值以后气孔导度不再下降。由于气孔导度的测量困难，因而在实际中常用气孔开度来判断作物是否缺水。试验表明，在小麦分蘖—抽穗期，当气孔开度小于 6.5 μm 时，小麦开始受旱；在灌浆期，当气孔开度小于 5.5 μm 时，小麦开始受旱。在甜菜载叶形成期，气孔开度小于 7 μm 时，甜菜开始受旱；在根果形成期，气孔开度小于 5 μm 时，甜菜开始受旱。

3. 茎秆直径变化

作物茎秆直径变化来源于生长及体内水势的变化，根系吸水充足时茎秆微膨胀，水分亏缺时茎秆微收缩。茎秆直径变化能实时、准确地反映作物水分状况及环境因素对作物的影响。作物茎秆直径一般呈 24 h 左右的周期性波动，在日出前达到最大值，最小值出现在下午。将一天中作物茎秆直径的最大值与最小值之差定义为日最大收缩量，它受作物水分状况和环境因素（辐射、空气饱和差等）的共同影响，反映了作物茎秆的累积生长，也反映了根区水分供应和蒸发需求的综合影响，在水分供应不足的情况下呈下降趋势。如果能排除环境因素和作物生长对茎秆直径变化的干扰，就可以通过对茎秆直径变化的测定来诊断作物水分状况。

与叶水势、气孔导度、冠层温度等其他生理指标相比，利用茎秆直径变化诊断作物水分状况的方法具有简便、稳定、无损、连续自动监测等优点，得到了越来越多的关注和应用。目前对茎秆直径变化的应用研究有两个方面：一是深入探讨基于茎秆直径变化监测指标反映作物缺水状况的能力，并寻找使用这些指标确定灌溉时间的阈值，以及使用这些指标指导灌溉的有效性，包括其节水效应和对最终产量的影响等。二是研究将茎秆直径变化监测信息与其他作物水分动态监测信息相结合，运用模糊神经网络技术、数据通信技术和网络技术，建立具有监测、传输、诊断、决策功能的作物精量控制灌溉系统，结合智能化的灌溉信息采集装置和灌溉预报与决策支持软件，可提高作物水分状况监测和诊断的精确性、动态性和可预见性，实现作物水分与灌溉管理的自动化。

目前，测量作物茎秆直径变化一般采用线性位移传感器，其固定在茎秆测量部位，通过与数据采集器连接，可以自动记录，一次安装后能在一个较长的生育期内连续测定，不会破坏作物正常生理活动。另外，基于光波透射原理的非接触性茎秆直径变化记录设备也在研发之中。

4. 冠层温度

冠层温度是环境和作物因素共同影响叶片能量平衡的结果，在作物因素中最主要的就是气孔。气孔的关闭限制了水分蒸腾，阻止了能量以潜热形式消散，因而造成叶温提高。根据这一事实，学者坦纳（Tanner）于 1963 年提出了用叶温指示作物水分亏缺的设想。在以后的 20 年里，许多学者针对这一问题开展了大量的研究，并取得了很大进展。近年来，红外测温技术的发展使我们能比较容易地测定作物冠层温度。通过作物冠层温度诊断作物水分状况的方法主要有如下三种。

（1）田间冠层温度变异法：当土壤水分充足时，整个农田的土壤都处于湿润的状态，如果作物长势相同，完全覆盖地面，则整个农田的冠层温度 T_c 差异很小；当土壤水分逐渐减少时，由于土壤固有特性的不均匀性和灌水的不均匀性，土壤含水量的差异变得明显，缺水地块作物冠层温度 T_c 会比供水充足时有较大增加，此时整个农田的冠层温度 T_c 出现了比较明显的变异。根据这一现象，可以用 T_c 的变异幅度来指示作物水分状况，指导灌溉。

冠层温度变异是指某田块内最高冠层温度（T_{cmax}）与最低冠层温度（T_{cmin}）的差值，即

$$C_{TV} = T_{cmax} - T_{cmin} \qquad (7-2)$$

田间冠层温度变异法的优点是只涉及冠层温度的相对差异，不必精确地测定冠层温度的绝对值，不需要其他气象资料，确定作物受旱开始时刻比较简单。缺点是受土壤特性空间变异影响较大。

（2）农田与土壤水分充足对照区的冠层温度差（ΔT_c）法：将 $\Delta T_c = 1$ ℃ 作为灌溉指标的处理与土壤始终保持湿润的对照田进行比较，结果产量比对照田低 20%，而耗水量减少 41%，因而提高了水分利用效率。春小麦的 ΔT_c 与相应的气孔阻力差或叶水势差都有显著的线性关系，因此 ΔT_c 可以很好地指示作物水分状况。

（3）冠层—空气温度差（ΔT）法：冠层温度（T_c）与空气温度（T_a）的差（ΔT）和叶片的水分状况密切相关，可用于指示作物水分状况。

$$\Delta T = T_c - T_a \qquad (7-3)$$

但是 ΔT 受环境条件影响明显，因而影响了判断的精度。

目前将有关作物生理指标用于诊断水分亏缺的做法日益广泛，但是很多诊断指标有其特定的适用性和局限性。以叶水势作为作物供水状况的基本度量已得到公认，但叶水势受大气条件影响较大，同一植株不同部位叶片和同一叶片不同位置的叶水势差异显著，又不能实现作物活体连续测量，因此实际中难以普遍采用；通过作物的冠层温度反映作物缺水程度，具有较好的代表性，克服了土壤指标和作物生理指标取样烦琐并且不具代表性的缺点，可以快速测定较大面积农田的作物水分状况；气孔导度比较适合于小麦和大豆。

作物生理指标从本质上反映了作物缺水程度，作物水分状况比土壤水分状况更适合作为灌溉依据。近年来，与作物茎秆、叶片等器官有关的生理信息一直是作物需水信息指标研究的重点。目前，有些指标比较容易观测，有些指标的观测还存在一定难度，根据实际情况对作物、土壤、气象复合系统进行综合分析，将多个指标结合起来进行作物水分判断会更加准确。

四、实时灌溉预报技术

（一）灌溉预报的原理与类型

1. 灌溉预报的原理

灌溉预报是对在一定条件下作物所需的灌水日期及灌水定额进行的预测，是编制动态合理用水计划的基础。在对各田块初始水分状况进行修正后，通过一定的方法预测出未来一定

时期作物的蒸发蒸腾量、降水量等因素后，就可依据水量平衡原理对各种作物的各次灌水定额和灌水日期进行预测。

影响灌溉预报的因素很多，总结起来可分为三类：

① 确定性因素，如当时的田间水分状况、作物生长状况、土壤水分常数等。

② 不确定性因素，如预测时段的气象条件、田间水分消长、作物生长发育变化等。

③ 人为确定的因素，如适宜田间水分上下限、水量平衡方程及参数选择、预测时段等。

这三类因素都非常重要。

2. 灌溉预报的类型

（1）静态灌溉预报：目前我国大部分灌区编制用水计划时采用静态灌溉预报，即根据历史资料，制订几种典型水文年的用水计划，在执行过程中再依据现在的气象、水文等情况进行调整，做出预报。这种方法以历史资料为依据，但现实的气象因素、土壤因素及作物因素不可能与历史上某一时期完全相同，也不能与预测情况完全吻合，这就使预先编制的用水计划往往与实际灌溉要求不符，影响了灌溉预报的可靠性和灌溉水的利用率。

（2）实时灌溉预报：为提高预报的准确性，近几年一些学者提出了所谓的实时灌溉预报，也称为动态灌溉预报，是指以各种农田最新实时资料和近期的各种预测资料为依据，通过计算机模拟和分析，逐次预测作物所需灌水日期及灌水定额。这种预报的准确性高一些，能比较真实地反映当前和未来的实际情况，是当前灌溉预报发展的趋势。但实时信息及时准确的获得是实时灌溉预报的一个难点。当前田间水分状况可以实测得到，而田间水分消耗和作物生长发育变化只有通过预测才能得到，其预测方法和灌溉预报模型的敏感性有待进一步研究。

（二）作物需水量实时预报

实时灌溉预报的基础是作物需水量实时预报。提出可靠、准确又便于应用的作物需水量实时预报方法，是实时灌溉预报的重点与难点。在水资源能够满足作物正常灌溉要求的条件下，获得作物需水量实时预报资料后，根据降水量、地下水补给量等因素的实时预报数据，通过农田水量平衡分析，即可进行灌水时间与灌水定额的实时预报。当水资源不能满足灌溉要求时，需根据水源情况及不同程度缺水对产量的影响，进行大量的优化分析，以确定作物优化灌溉制度。这种情况比较复杂，已不单是预报问题。大多数情况下讨论的是水资源能够满足作物正常灌溉要求条件下的实时灌溉预报。

1. 作物需水量

作物需水量是作物蒸腾量与棵间蒸发量之和，即蒸发蒸腾量。它等于 SPAC 中水分传输的速率。能影响该体系中水分传输与水气扩散的任何因素均能影响作物需水量。气象因素包括太阳辐射、日照时数、温度、湿度与风速等，是影响作物需水量的主要因素；作物因素包括品种、生育阶段、生长发育情况等，影响作物根系吸水、体内输水和叶气孔水气扩散，因而也对作物需水量产生重要影响；土壤因素中土壤含水量直接影响土壤水向根系传输及向地表传输的速率。作物需水量与这些影响因素的关系为

$$ET = F(S, P, A) \tag{7-4}$$

式中，ET 为作物需水量（mm）；S 为土壤因素；P 为作物因素；A 为气象因素。

根据国内外作物需水量试验资料，上述各因素对作物需水量的综合影响，可以用土壤因素、作物因素与气象因素单独对作物需水量的影响结果之乘积表示，即作物需水量还可表示为

$$ET = F_1(S) \cdot F_2(P) \cdot F_3(A) \tag{7-5}$$

土壤因素 $[F_1(S)]$：用土壤水分修正系数（K_θ）表示。根据土壤水分运移原理，土壤含水量在田间持水量（θ_c）与临界含水量（θ_j，也称为毛管断裂含水量，一般为 θ_c 的 70%~80%，随土质而变）之间时，土壤水分可借毛细管作用充分供给蒸发蒸腾的需要，土壤含水量的高低不影响蒸发蒸腾；而在实际土壤含水量（θ）小于临界土壤含水率量（θ_j）的条件下，有效土壤含水量即实际土壤含水量（θ）与凋萎系数（θ_p）之差是影响作物需水量的主要土壤因素。

$$K_\theta = F_1(S) = f_1(\theta - \theta_p) \tag{7-6}$$

作物因素 $[F_2(P)]$：用作物系数 K_c 表示。国内外大量预测资料表明，叶面积指数是影响作物需水量的主要作物因素，用叶面积指数按式（7-7）计算作物系数精度较高。但叶面积指数难以迅速在大面积上准确地测定，而实时灌溉预报要求及时地提供此数据，因而其在实时灌溉预报中有时难以直接应用。

$$K_c = A + B(\text{LAI}) \tag{7-7}$$

式中，A、B 为系数；LAI 为叶面积指数。

目前，我国大部分地区已根据试验资料得到当地主要作物生育期内各月的 K_c 值，可以参考或直接应用。

气象因素 $[F_3(A)]$：大量试验表明，用修正的彭曼公式或彭曼—蒙特斯（Penman - Monteith）公式计算出的参照作物需水量（ET_0）是表示气象因素影响的最适合参数，因此

$$F_3(A) = \text{ET}_0 \tag{7-8}$$

综上所述，作物需水量预报的基本数学模型可表示如下。

当 $\theta \geqslant \theta_j$ 时，有

$$ET = K_c \text{ET}_0 \tag{7-9}$$

当 $\theta < \theta_j$ 时，有

$$ET = K_\theta K_c \text{ET}_0 \tag{7-10}$$

2. 参考作物蒸发蒸腾量

参考作物蒸发蒸腾量用于反映各种气象因素对作物需水量的影响。目前仍普遍采用"高度一致（0.12 m），生长旺盛，地表完全被绿叶覆盖的开阔（长、宽均在 400 m 以上）绿草地"在不缺水条件下的蒸发蒸腾量或其潜在需水量作为参考作物蒸发蒸腾量。世界各地大量试验表明，与其他方法相比，应用修正的彭曼公式计算参考作物蒸发蒸腾量结果精度较高。

修正的彭曼公式为

$$ET_0 = \frac{\dfrac{P_0}{P} \cdot \dfrac{\Delta}{r} R_n + 0.26(1 + B_v v)(e_\alpha - e_d)}{\dfrac{P_0}{P} \cdot \dfrac{\Delta}{r} + 1} \tag{7-11}$$

式中，P_0 与 P 为海平面与预报地点的平均气压（hPa）；Δ 为饱和水汽压随温度的变率（hPa/e）；r 为湿度计常数（hPa/e）；e_α 为饱和水汽压（hPa）；e_d 为实际水汽压（hPa）；R_n 为净辐射，以蒸发能力计（mm/d），可以用总辐射、日照时数与 e_d 算出；v 为 2 m 高处日平均风速（m/s）；B_v 为风速修正系数。

联合国粮食及农业组织曾推荐用理论上更为完善的彭曼—蒙特斯公式计算参考作物蒸发蒸腾量，但两者的计算结果十分接近，在此不再介绍。

（三）作物灌水日期与灌水定额预报

1. 旱作物灌水日期与灌水定额预报

对于旱作物，一定时段内在无灌溉条件下，若无地下水补给量，田间水量平衡方程为

$$10rH\omega_t = 10rH\omega_0 + \sum_0^t P_0 - \sum_0^t ET \tag{7-12}$$

式中，ω_t 为第 t 日作物根系吸水层（深度为 H）中平均土壤含水量（占干土重%，下同）；ω_0 为预报时段初土壤含水量；r 为土壤容重（t/m³）；H 为根系吸水层深度（m）；P_0 为有效降水量（mm）。

为了满足作物正常生长发育的需要，任一时段作物根系吸水层内的储水量必须经常保持在适宜范围内，即通常要求土壤湿润层平均土壤含水量不小于作物允许的最低含水量（ω_{min}）和不大于作物允许的最高含水量（ω_{max}）。进行灌水预报时，r、H、ω_0、土壤适宜含水量下限 ω_{min} 与上限 ω_{max} 均已知，根据天气预报，可从第一日起，逐日求出累积的 P_0 与 ET，进而逐日推求 ω_t。

ω_t 降到 ω_{min} 的日期即适宜的灌水日期，此时灌水定额 m 为

$$m = 10rH(\omega_{max} - \omega_{min}) \tag{7-13}$$

式中，ω_{max} 一般取田间持水量；其他符号意义同前。

若期间有地下水总补给量 K，或每日地下水补给量为 k（mm），只要在式（7-13）的左边加上地下水总补给量即可。

2. 水稻灌水日期与灌水定额预报

对于水稻田，一定时段内在无灌溉条件下，田间水量平衡方程为

$$h_t = h_0 + \sum_0^t P_0 - \sum_0^t ET - \sum_0^t f \tag{7-14}$$

式中，h_t 为第 t 日田面水层深度（mm）；h_0 为预报时段初田面水层深度（mm）；f 为时段内日渗漏量（mm）；其他符号意义同前。

在进行灌水预报时，根据各监测水稻田（代表性水稻田）的水层深度资料确定 h_0，参

考天气预报确定预报期内每日的 P_0，根据灌溉试验结果确定每日的 f 及阶段适宜水层深度上限 h_{max}（mm）与下限 h_{min}（mm），计算每日的 ET 和逐日累积 P_0、ET 与 f，最后用式（7 - 14）计算逐日的 h_t。

h_t 下降到 h_{min} 时的日期为适宜的灌水日期，此时水稻灌水定额 $m = h_{max} - h_{min}$，单位为 mm。

本章小结

本章首先介绍了节水灌溉自动量水技术。渠道量水主要通过传感器和测量仪表对渠道水位和流量进行测量。管道量水主要采用差压式流量计（文丘里流量计）、水表、电磁流量计等进行测量。IC 卡灌溉管理系统在节水灌溉中的应用具有管理功能强大、控制灵活、适应性强、使用寿命长、安全性高等特点。

在节水灌溉自动监测技术中主要介绍了自动观测气象站的工作原理、类型、基本结构，土壤墒情的概念及主要测量方法，作物水分诊断原理和方法，实时灌溉预报等。

复习思考题

1. 渠道量水设备和管道量水设备主要有哪些？
2. 节水灌溉中为什么要监测土壤墒情？如何实现土壤墒情的自动监测？
3. 结合实践谈谈如何进行作物水分诊断。
4. 如何实现灌溉的实时预报？

第八章 节水灌溉的经济效益

本章提要

　　水利经济计算是研究水利工程建设可行性的前提，是从经济上对工程方案进行分析的依据。所有水利规划或水利工程的可行性研究和设计，都必须进行相应深度的经济分析和计算工作，规划设计文件必须包括有关计算和评价内容。因此，节水灌溉工程应按水利经济计算规范的计算方法和基本准则进行经济效益分析，将所付费用（包括投资和运行费）及其所得效益用货币指标表示，目的在于从经济上衡量节水灌溉工程的可行性，最终以最小的代价（自然资源、原材料、设备、动力、劳力和时间）取得最大的工程效益。

主要内容

　　1. 投资费用的定义与范畴。

　　2. 年运行费用的定义与范畴。

　　3. 工程效益的内涵、范畴与计算。

　　4. 经济效益的静态、动态分析与计算方法。

学习目标

　　1. 掌握：工程建设中经济效益分析要求与计算方法。

　　2. 了解：工程建设中各项费用的内涵与范畴，费用计算的注意事项。

第一节　投资费用

　　投资费用是经济效益分析中的主要数据之一，是指工程达到设计效益所需的全部建设费用，包括国家、集体和群众等各种形式的投入。

　　计算工程投资时，要将各部分工程分别列出，同时要根据投资和投入时间的不同，列出各年投入数量。一般小型农田水利工程的投资是一次性的，当年投资，当年见效。管道输水灌溉工程多数为一次性投资，少数为连续几年投资建成。管道输水灌溉工程虽然属于基本建设工程，但大部分为国家补助、群众受益的工程，工程的全部投资应计入当地平均劳动价值和国家补助费用的差额部分。

　　管道输水灌溉工程的投资费用汇总表如表 8－1 所示。目前，投资费用汇总一般不包括水源工程建设费，只计算管材费、管件费、施工费、其他材料及小型设备购置费、勘测设计费等。计算时，相关费用应以当地合理价格进行计算。

表 8-1　管道输水灌溉工程的投资费用汇总表　　　单位：元

管材费			管件费	施工费						勘测设计费	其他材料及小型设备购置费	合计
管材购置费	运输费	装卸费		短途运输费	挖沟及回填用工费	管道施工费	临时占地赔偿费	附属工程建筑物施工费	检查试水用工费			

管材费除包括管材购置费外，还包括运输费和装卸费。

管件费包括出水口、给水栓、弯头、三通、四通、排水口、进排气阀、安全阀、闸阀、井泵上的水管等的费用。

施工费包括短途运输费、挖沟及回填用工费、管道施工费、临时占地赔偿费、附属工程建筑物施工费、检查试水用工费。

在老灌区（井灌区、渠灌区）原有的井、库、塘、机泵、井房的投资均不计入投资费用，只计算新增加的管道工程费用。若管道建设必须对原有机泵进行测试改造，其费用应计入投资费用。

为与老灌区的经济效益分析统一，在新灌区（井灌区、渠灌区）的水源建设，井、库、塘、坝建设，配套建筑物建设，机房的投资，均可不计入投资费用。

第二节　年运行费用

年运行费用是指水利工程正常运行期间每年所需的费用。年运行费用又称为年运行支出，因其每年均有所不同，故取平均值作为正常年运行费用指标。

年运行费用包括管理费、燃料动力费、维修费、灌溉用工费、临时材料费等。在进行财务分析时，年运行费用还应包括税金、保险费等，如使用地面移动管道还应计入其更新费用。年运行费用汇总表如表 8-2 所示。下面主要介绍燃料动力费、维修费和管理费。

表 8-2　年运行费用汇总表　　　单位：元

燃料动力费	维修费	管理费				灌溉用工费	临时材料费	合计
		行政费	管理机构人员工资	观测试验费、咨询费	技术培训			

一、燃料动力费

燃料动力费是指管道输水灌溉系统耗用的油、电等的费用，与各年实际运行情况有关。一般根据灌区内平水年或多年平均提水量、净扬程、机泵综合效率和能源单耗计算出年均耗能量，再根据能源单价计算出燃料动力费。油、电价格可在现行价格的基础上，考虑当地的议价和国家的补贴情况进行合理调整。

二、维修费

维修费是指维修、养护工程设施所需的费用，包括日常维修养护、年修和大修费用，一般以年平均修理费率计算。管道输水灌溉工程（包括机井）的维修费常占工程总投资的1%~4%。具体可参考表8-3。

表8-3　水利工程固定资产基本折旧和大修费用表

固定资产分类	折旧年限/a	净残值占原值	年基本折旧率	年平均大修理费率	固定资产分类	折旧年限/a	净残值占原值	年基本折旧率	年平均大修理费率
一般砌筑引水灌溉渠道	50	0	2.00%	1.5%	小型电力排灌设备	20	5%	4.75%	2.0%
混凝土管	40	0	2.50%	1.0%	配电设备	20	4%	4.80%	0.5%
铸铁、钢管	30	0	3.33%	1.0%	变电设备	25	5%	3.80%	1.5%
塑料管	20	0	5.0%	1.0%	离心泵	12	0	8.33%	7.0%
深井	30	0	3.33%	0.5%	深井泵	4	0	25.00%	5.0%
浅井	35	0	2.86%	1.0%	潜水泵	10	0	10.00%	4.0%
混凝土砖砌石混合结构	40	4%	2.40%	1.0%	喷灌设备	6	0	16.70%	5.0%
中小型闸阀启闭机	20	5%	4.75%	1.5%	观测试验仪器	10	0	10.00%	0.5%

注：1. 年基本折旧率＝［（原值－净残值）/（原值×使用年限）］×100%；

2. 年大修理费率＝［预计大修费用总额/（原值×使用年限）］×100%；

3. 表中使用的年限是根据一般水利工程或机械设备的实际寿命、经济寿命及其他因素综合确定的；

4. 对于已建工程，可根据具体情况，参照或适当提高表中的费率标准。

三、管理费

管理费包括管理机构的职工工资、工资附加费，以及观测、科研、试验、技术培训、奖励等的费用。在灌水过程中，渠道的修筑和护渠用工等也应计入管理费。

第三节 效益计算

对于水利工程，一般应计算设计年和多年平均两项效益指标。对于农田灌溉工程，还应计算特殊干旱年的效益。在缺乏不同水文年灌溉增产资料时，可将平水年的灌溉增产效益作为设计年和多年平均增产效益进行计算。

管道输水灌溉工程的效益内容如表 8 - 4 所示。

表 8 - 4 管道输水灌溉工程的效益内容

节 水			节省土地	增 产
扩大灌溉面积	改善灌溉面积	缩短灌溉周期，适时灌溉		

在新井灌区，其效益为机井和管道输水的综合效益，主要表现在旱地变水浇地上。此外，还表现在种植作物的调整、复种指数的提高等方面。

计算水利增产效益时还应乘以分摊系数。该系数一般为 0.2 ~ 0.6。分摊系数的确定常采用以下方法。

（1）在自然状况和农业技术措施基本相同的条件下，增产效益按灌溉和不灌溉的试验或调查资料对比确定。例如，对于土渠灌改管灌，其增产效益可不必分摊，只将扩大灌溉面积部分计入分摊系数即可。

（2）如果掌握的增产效益包括灌溉和其他农业技术措施的综合效益，应将总效益合理分配，不应全部作为灌溉增产效益。对我国北方实行灌溉、农业生产水平中等的半干旱地区，灌溉增产效益分摊系数一般为 0.5 左右（丰水年取 0.4，平水年取 0.5，枯水年取 0.6；农业生产水平较高的地区取 0.3 ~ 0.4）。

（3）若分摊系数不易确定，可将发展灌溉后农业技术措施增加的生产费用，考虑合理的报酬，从总效益中扣除，余下的部分作为灌溉增产效益。

农产品价格按当地粮食、蔬菜的价格，以及工商部门有关物价的规定进行综合分析后确定。在农产品调出地区，可暂时采用现行的国家采购价格。在农产品调入地区，用于自给的部分，采用国家调运到该地区的农产品成本；超过自给的部分，可暂时采用现行的国家采购价格。

管道输水灌溉技术不仅节约了用水，缩短了轮灌周期，增加了灌水次数，提高了供水保证率，而且扩大了灌溉面积。由此所取得的增产效益应逐项进行累加计算，得到管道输水灌溉工程的灌溉增产效益。

$$B = \xi P(Y - Y_0)M \tag{8-1}$$

式中，B 为灌溉增产效益（元）；ξ 为灌溉增产效益分摊系数；P 为采购价格（元/kg）；Y

为利用管道灌溉的粮食单产（kg/亩）；Y_0 为利用土渠灌溉的粮食单产（kg/亩）；M 为粮食播种面积（亩）。

第四节 经济效益分析

经济效益分析是根据工程的投资费用、运行费用和取得的各项效益，分析评价工程的经济合理性，在规划时为方案的可行性论证提供资料。农田水利工程经济效益分析方法有两种，分别是静态分析法和动态分析法。

一、静态分析法

静态分析法在投资费用、运行费用和效益分析中，不考虑资金的时间价值，计算较简便。在规模小、投资少、工期和回收年限短的工程中经常采用静态分析法。主要计算内容如下。

（一）还本年限（回收年限）

还本年限又称为偿还年限，指一项工程投入运行后，通过效益的积累，完全回收投资的年限。其计算公式为

$$T = \frac{K}{B - C} = \frac{K}{B_0} \qquad (8-2)$$

式中，T 为还本年限（a）；K 为工程投资（元）；B 为工程多年平均灌溉增产效益（元）；C 为工程多年平均管理运行费（不包括折旧费）（元）；B_0 为工程多年平均净总增产值或称多年平均净效益（元）。

（二）总效益系数

总效益系数又称为绝对投资效益系数（或称投资效益比），它是还本年限的倒数。其计算公式为

$$E = \frac{1}{T} = \frac{B - C}{K} = \frac{B_0}{K} \qquad (8-3)$$

式中，E 为总效益系数；其他符号意义同前。

水利工程中一般认为还本年限为 5~15 年、总效益系数为 0.2~0.7 的工程可以投资建设。

二、动态分析法

静态分析法因不考虑资金的时间价值，与实际略有差异，所以，投资多、周期长的大中型灌溉工程多采用动态分析法。

（一）资金时间价值的计算

1. 年资金报酬率（利率）

动态分析法是符合经济变化规律的科学方法。实际情况是，一切资金活动都有它的时间

价值，且随着时间而变化，因此资金的时间价值是动态分析法的基础。在工程经济分析中，资金的时间价值一般以年资金报酬率（利率）表示，年资金报酬率应不低于各部门允许最低资金报酬率（允许利率）。管道输水灌溉工程利率一般取6%~7%。

2. 折扣（贴现）

工程的投资、费用和所获得的效益不是同一时间发生的，它们的价值是随时间变化的。为了分析和评价工程的经济效益，将不同时间发生的费用和效益换算成一个共同时间的费用和效益进行衡量和比较，称为折扣计算，这个共同的时间称为计算基准年（点）。工程的计算基准年一般取主要受益部门开始受益的年份，也可取工程开工的年份，并以年初作为折算的基准点。

各年的工程投资均在各年的年初一次投入，各年的运行费用和效益均在各年的年末（第二年年初）一次结算，当年不计算时间价值。折扣均按复利计算。根据投资、费用、效益的不同形式和折扣要求，一般常用的复利公式如表8-5所示，现金流量如图8-1所示。

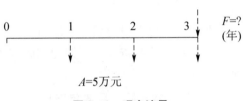

图 8-1 现金流量

表 8-5 常用的复利公式

名 称 系 列	序 号	常用的复利公式
一次支付系列	1	$F/P = (1+i)^n$
	2	$P/F = 1/(1+i)^n$
等额系列支付	3	$A/F = \dfrac{i}{(1+i)^n - 1}$
	4	$A/P = \dfrac{i(1+i)^n}{(1+i)^n - 1}$
	5	$F/A = \dfrac{(1+i)^n - 1}{i}$
	6	$P/A = \dfrac{(1+i)^n - 1}{i(1+i)^n}$

注：i 为年利率和折算率（%）；n 为复利的期数（a）；P 为现在的总金额（元），一般情况下为整个系统的现值；F 为将来的总金额（元），又称为未来值或终值；A 为年支付金额（元），又称为年金，其值每年相等。

3. 经济计算期及投资的折算

从计算基准年（点）起，到计算终止年止，称为经济计算期。参与比较的各个方案，或同一个方案的不同工程，不管其经济使用寿命是否相同，均应取同一经济计算期。工程的经济使用寿命短于经济计算期的，应考虑设备更新费用。工程的经济使用寿命比经济计算期长的，可减去其残值。

4. 举例

【例 8 - 1】 某管道输水灌溉工程，在 3 年内每年平均投资 5 万元，按年利率 15% 计算，问 3 年以后累积的总投资（未来值）是多少？

解：根据表 8 - 5 中的式 5 及图 8 - 1，计算如下：

$$F = A \frac{(1+i)^n - 1}{i} = 5 \times \frac{(1+0.15)^3 - 1}{0.15} \approx 17.36 \ （元）$$

【例 8 - 2】 某一管道输水灌溉工程计划 2 年建成，投资总额为 20 万元，第一年投资 8 万元，第二年投资 12 万元，建成后年运行费用为 1 万元。其中每 15 年更新一次，更新费用为 5 万元，每年的毛效益为 5 万元。假定此工程为永久使用，折算率取 7%，问总净效益现值是多少？

解：根据水利经济计算规程，投资、更新费用给予年初，年运行费用、效益给予年末，给出如下现金流量：

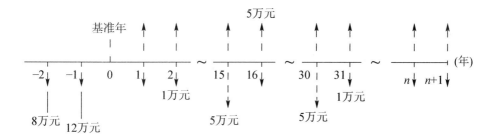

若以建完年为基准年，则工程投资的现值 P_1 为

$$P_1 = 120\,000 \times (1+i) + 80\,000 \times (1+i)^2 = 219\,992 \ （元）$$

根据表 8 - 5 中的式 6，把年运行费用和年毛效益的代数和折算为现值 P_2，则

$$P_2 = \frac{(50\,000 - 10\,000) \times \left[(1+i)^n - 1\right]}{i(1+i)^n}$$

因管道输水灌溉工程为永久性工程，取 n 为无限大，则

$$P_2 = 40\,000 \div 0.07 \approx 571\,428.6 \ （元）$$

每 15 年有一次设备更新费用 5 万元，首先把它换算成年费用，然后折算为现值 P_3，根据表 8 - 5 中的式 3，则

$$A_3 = 50\,000 \times \frac{i}{(1+i)^n - 1} = 50\,000 \times 0.039\,7 = 1\,985 \ （元）$$

$$P_3 = 1\,985 \div 0.07 = 28\,357 \ （元）$$

总效益现值为

$$P = P_2 - P_1 - P_3 = 323\,079.6 \ （元）$$

（二）折算总值和折算年值的计算

折算到基准年（点）的各项经济指标，可用折算总值表示，也可用折算年值表示。

1. 工程投资的折算总值（K_0）

$$K_0 = \sum_{i=1}^{m} K_i (1 + r)^{t_i} + \sum_{j=1}^{n} \frac{K_j}{(1 + r)^{t_{j(j-1)}}} \qquad (8-4)$$

式中，m、n 为基准点之前和之后工程投资年限；K_i、K_j 为基准点之前第 t_i 年和基准点之后第 t_j 年的工程投资额；r 为经济报酬率（或利率）。

2. 工程运行费用的折算总值（C_0）

$$C_0 = \sum_{i=1}^{m} C_i (1 + r)^{t_{i(i-1)}} + \sum_{j=1}^{n} \frac{C_j}{(1 + r)^{t_j}} \qquad (8-5)$$

式中，C_i、C_j 为基准点之前第 t_i 年和基准点之后第 t_j 年的年运行费用；其他符号意义同前。

3. 工程效益的折算总值（B_0）

$$B_0 = \sum_{i=1}^{m} B_i (1 + r)^{t_{i(i-1)}} + \sum_{j=1}^{n} \frac{B_j}{(1 + r)^{t_j}} \qquad (8-6)$$

式中，B_i、B_j 为基准点之前第 t_i 年和基准点之后第 t_j 年的年效益；其他符号意义同前。

4. 工程投资、运行费用和效益的折算年值

工程投资、运行费用和效益的折算年值可根据折算总值乘换算系数 a 计算。

$$a = \frac{r(1 + r)^n}{(1 + r)^n - 1} \qquad (8-7)$$

式中，r 为经济报酬率；n 为经济计算期。

（三）动态分析法的主要计算内容

1. 经济效益费用比（R_0）

经济效益费用比是指折算到基准年（点）的总效益与总费用的比值，或折算年效益与折算年费用的比值，即

$$R_0 = \frac{B_0}{K_0 + C_0} \qquad (8-8)$$

或

$$\overline{R_0} = \frac{\overline{B_0}}{\overline{K_0} + \overline{C_0}} \qquad (8-9)$$

式中，$\overline{B_0}$、$\overline{K_0}$、$\overline{C_0}$ 为工程效益、投资和运行费用的折算年值；其他符号意义同前。

当 $R_0 \geqslant 1$ 时，工程方案在经济上是合理可行的。如果存在互斥方案，则应做增值分析，从中择优。

2. 净收益（P_0）

净收益是折算到基准年的总效益和总费用的差值，或折算年效益与折算年费用的差值。

$$P_0 = B_0 - (K_0 + C_0) \qquad (8-10)$$

或

$$\overline{P_0} = \overline{B_0} - (\overline{K_0} + \overline{C_0}) \qquad (8-11)$$

式中，$\overline{P_0}$ 为年净收益；其他符号意义同前。

$P_0 \geq 0$ 或 $\overline{P_0} \geq 0$ 的方案有一定的经济收益。比较不同方案的经济收益时，P_0 或 $\overline{P_0}$ 最大的方案是经济上最有利的方案。

3. 经济内部回收率（r_0）

经济内部回收率是指经济效益费用比及 $R_0 = 1$ 或净收益 $P_0 = 0$ 时，该工程可以获得的经济报酬率。r_0 按下式计算：

$$\frac{r_0(1+r_0)^n}{(1+r_0)^n - 1} = \frac{\overline{B_0} - \overline{C_0}}{\overline{K_0}} \tag{8-12}$$

r_0 通过试算确定。$r_0 \geq r$ 的方案，在经济上都是合理可行的。如果存在互斥方案，应做增值分析，从中择优。

4. 投资回收年限（T_D）

投资回收年限是指累计折算效益等于累计折算费用的年限或累计折算净效益和累计折算投资相等时的年限。投资回收年限越短，经济效益越好。其计算公式为

$$T_D = \sum_{i=1}^{n} \frac{B_i - C_i}{(1+r)^t} - K_0 = 0 \tag{8-13}$$

式中，B_i 为第 t 年的效益；C_i 为第 t 年的年运行费用。

通常采用试算或列收支平衡表计算，解出的 n 值即 T_D。

将各年的年效益和年运行费用作为均匀年系列时，也可用式（8-14）估算 T_D。

$$T_D = \frac{-\ln\left[1 - \dfrac{K_0 r}{B_a - C_a}\right]}{\ln(1+r)} \tag{8-14}$$

式中，K_0 为各年累计折算总投资；B_a 为均匀年系列的年效益；C_a 为均匀年系列的年运行费基准年（点），为工程开始建设年的年初。

三、单位技术经济指标计算

在工程经济分析中，除分析计算上述各项经济效益指标外，一般还应分析计算其单位技术经济指标，作为综合经济评估的补充指标。

1. 增产效益

（1）增产绝对值，单位以 kg/亩表示（同不灌、渠灌对比）。

（2）增产百分率 = ［（管灌亩产 - 不灌或渠灌亩产)/不灌或渠灌亩产]×100%。

2. 灌溉效率

（1）单位流量管灌面积 = 管灌面积/设计流量 ［亩/（m³/h)]。

（2）单位面积流量 = 管灌流量/管灌面积 ［m³/（h·亩)]。

（3）管灌水的生产率 = 总产量或亩产/总用水量或灌水定额（kg/m³ 或元/m³)。

（4）产量耗水量 = 总用水量或灌水定额/总产量或亩产（m³/kg)。

（5）单位装机功率管灌面积 = 管灌面积/装机功率（亩/kW）。

3. 土地利用率

土地利用率 = （管灌工程面积 – 渠系占地面积)/管灌工程面积（%）。

4. 管灌亩投资

管灌亩投资 = 管灌系统（不包括机泵工程）总投资/管灌面积（元/亩）。总投资包括机泵部分时应说明。

5. 材料消耗

（1）每亩材料用量（按材质、管径分别统计），单位以 m/亩表示。

（2）每亩其他设备的材料用量（金属如铜、铝等，非金属如塑料），单位以 kg/亩表示。

（3）每亩建筑材料用量，如水泥（kg/亩）、沙（m^3/亩）、石（m^3/亩）、砖（千块/亩）、木材（m^3/亩）等。

6. 年运行及维修费用

年运行费用 = （动力费用 + 维修费用 + 工资 + 管理费用)/管灌面积［元/（亩·年)］。

动力费用是指柴油机燃油费用或电动机耗电费用；维修费用是指工程维修费用、设备维护保养（不包括大修）费用，以及柴油、机油、润滑油、小零件等消耗品的费用；工资包括支付给机手及灌水员的费用；管理费用是指管灌系统专管机构或组织行政办公费用及杂费等。

7. 劳动用工（或劳动生产率）

（1）作物全生长期管灌劳动定额，单位以工日/亩表示。

（2）每个劳动力可担负的管灌面积，单位以亩/人表示。

（3）灌水效率，即每工日（按 10 h）可灌溉的面积，单位以亩/工日表示。

8. 抵偿年限

抵偿年限是指一个方案同另一个方案相比所增加的投资可在该年限内用年运行费用的节省相抵。

一项管道输水灌溉工程往往有几种可供比较的方案。在进行方案比较时，不仅要考虑工程投资，还要考虑年运行费用，不同的方案可能各有得失。在这种情况下进行比较，除计算工程的净效益、还本年限外，还应计算偿还增加投资所需的年限，即抵偿年限。如所比较的各方案的效益相同，可用式（8 – 15）计算抵偿年限。计算后，抵偿年限短的为优选方案。

$$T_{抵} = \frac{K_2 - K_1}{C_2 - C_1} = \frac{\Delta K}{\Delta C} \qquad (8-15)$$

式中，$T_{抵}$ 为抵偿年限（a）；K_1、K_2 为方案一、方案二的工程总投资（元）；C_1、C_2 为方案一、方案二的年运行费用，不包括折旧费（元）。

四、敏感性分析

经济分析和财务分析的问题比较复杂，涉及因素较多，有些参数或指标难以准确确定，含有一定的误差。为分析其对经济效益指标的影响，应进行敏感性分析，列出计入浮动因素后的经济效益指标，供综合评价和决策时参考。一般按以下步骤进行敏感性分析。

（1）投资增加 10%~20%，效益不变，分析计算其经济效益指标。

（2）投资不变，效益减少 15%~25%，分析计算其经济效益指标。

（3）投资增加 10%~20%，同时效益减少 15%~25%，分析计算其经济效益指标。

五、例题

【例 8-3】　某灌区有深井一眼，配 200QJ 潜水泵一台，设计流量为 80 m³/h，原浇地面积为 180 亩。新铺设地下混凝土管道 1 237 m，工程当年完工，当年受益，浇地面积扩大到 250 亩。管道建设总投资为 16 333.7 元，管道建成前年运行费用为 5 849.7 元，管道建成后年运行费用为 6 374.4 元，年水利增产效益为 9 151.0 元。试对该工程进行经济效益分析。

解： 取经济计算期 $n=20$ 年，年利率 $r=7\%$，按动态分析法进行分析。

由式（8-7）可得

$$a = \frac{0.07 \times (1+0.07)^{20}}{(1+0.07)^{20}-1} \approx 0.094\ 4$$

工程投资折算年值：$16\ 333.7 \times 0.094\ 4 = 1\ 541.9$（元）。

运行费用年值：$6\ 374.4 - 5\ 849.7 = 524.7$（元）。

增产效益年值：$9\ 151.0$ 元。

（1）年净收益 $\overline{P}_0$ 由式（8-11）求得：

$$\overline{P}_0 = 9\ 151.0 - (1\ 541.9 + 524.7) = 7\ 084.4\ （元）$$

（2）经济效益费用比 $\overline{R}_0$ 由式（8-9）求得：

$$\overline{R}_0 = \frac{9\ 151}{1\ 541.9 + 524.7} \approx 4.43$$

（3）经济内部回收率 r_0 由式（8-12）求得：

$$\frac{r_0(1+r_0)^{20}}{(1+r_0)^{20}-1} = \frac{9\ 151.0 - 524.7}{16\ 333.7}$$

经试算 $r_0 \approx 0.53$。

（4）投资回收年限 T_D。将有关数据代入式（8-14），则

$$T_D = \frac{-\ln\left(1 - \frac{16\ 333.7 \times 0.07}{9\ 151.0 - 524.7}\right)}{\ln(1+0.07)} \approx 2.1\ （a）$$

（5）敏感性分析。若投资增加 15%，则投资折算年值为

$$1\ 541.9 \times 1.15 \approx 1\ 773.19\ （元）$$

若效益不变，仍为 9 151.0 元，则经济效益费用比为

$$\overline{R}_0 = \frac{9\ 151.0}{1\ 773.19 + 524.7} \approx 3.98$$

若投资不变，投资折算年值仍为 1 541.9 元，效益减少 15%，即 9 151.0 × 0.85 = 7 778.35（元），则经济效益费用比为

$$\overline{R_0} = \frac{7\ 778.35}{1\ 541.9 + 524.7} \approx 3.76$$

若投资增加 15%，同时效益减少 15%，则经济效益费用比为

$$\overline{R_0} = \frac{7\ 778.35}{1\ 773.19 + 524.7} \approx 3.38$$

其他经济效益指标略。

（6）单位技术经济指标。

亩均固定管道长度：4.95 m。

亩均固定管道投资：65.3 元。

平均每米管道投资：13.2 元。

亩次节能：17.68 − 14.09 = 3.59（kW·h）。

亩次节水：65 − 50 = 15（m³）。

每次节水率：23.1%。

亩次省工：0.30 − 0.16 = 0.14（工日）（浇地）。

节地占原水浇地的 2.57%。

亩均年净效益：28.3 元。

【例 8 - 4】 某管道输水灌溉试验区新打一眼浅井，配 170JS - 50 深井泵和 X195 柴油机各 1 台，设计流量为 40 m³/h，同时建低压输水管道，控制面积为 125 亩。机井及井房投资为 3 308.5 元，管道建设投资为 4 514.24 元，柴油机和深井泵投资为 2 420 元，工程当年建成。井管和管道的经济使用寿命为 20 年，机泵的经济使用寿命为 5 年，平水年年运行费用为 3 677.08 元，年水利效益为 14 687.5 元。试对该工程进行经济效益分析。

解： 采用动态分析法进行分析。整个工程的经济计算期取 20 年，则机泵需更新 3 次，其折算现值分别为

$$\frac{2\ 420}{(1+0.07)^5} \approx 1\ 725.43（元）$$

$$\frac{2\ 420}{(1+0.07)^{10}} \approx 1\ 230.21（元）$$

$$\frac{2\ 420}{(1+0.07)^{15}} \approx 877.12（元）$$

工程投资折算总值为

3 308.5 + 4 514.24 + 2 420 + 1 725.43 + 1 230.21 + 877.12 = 14 075.5（元）

投资折算年值为（a 值与例 8 - 3 相同，a = 0.094 4）

14 075.5 × 0.094 4 ≈ 1 328.73（元）

运行费用年值为 3 677.08 元。

增产效益年值为 14 687.5 元。

（1）年净收益 $\overline{P}_0$ 由式（8-11）求得：

$$\overline{P}_0 = 14\ 687.5 - (1\ 328.73 + 3\ 677.08) = 9\ 681.69\ （元）$$

（2）经济效益费用比 $\overline{R}_0$ 由式（8-9）求得：

$$\overline{R}_0 = \frac{14\ 687.5}{1\ 328.73 + 3\ 677.08} \approx 2.93$$

（3）经济内部回收率 r_0 由式（8-12）求得：

$$\frac{r_0(1+r_0)^{20}}{(1+r_0)^{20}-1} = \frac{14\ 687.5 - 3\ 677.08}{14\ 075.5}$$

经试算 $r_0 \approx 0.78$。

（4）投资回收年限 T_D。将有关数据代入式（8-14），则

$$T_D = \frac{-\ln\left(1 - \frac{14\ 075.5 \times 0.07}{14\ 687.5 - 3\ 677.08}\right)}{\ln(1+0.07)} \approx 1.39\ （a）$$

（5）敏感性分析。投资增加 15%，投资折算年值为 1 328.73 × 1.15 = 1 528.04（元），效益不变，仍为 14 687.5 元，则经济效益费用比为

$$R_0 = \frac{14\ 687.5}{1\ 528.04 + 3\ 677.08} \approx 2.82$$

若投资不变，效益减少 15%，效益为

$$14\ 687.5 \times 0.85 \approx 12\ 484.38\ （元）$$

经济效益费用比为

$$\overline{R}_0 = \frac{12\ 484.38}{1\ 328.73 + 3\ 677.08} \approx 2.49$$

若投资增加 15%，同时效益减少 15%，则

$$\overline{R}_0 = \frac{12\ 484.38}{1\ 528.04 + 3\ 677.08} \approx 2.40$$

其他经济效益指标略。

（6）单位技术经济指标。

亩均固定管道长度：3.04 m。

亩均工程投资：112.6 元。

亩均固定管道投资：36.11 元。

平均每米管道投资：11.88 元。

亩次耗能：2.11 kg（柴油）。

亩次用工：0.17 工日（浇地）。

亩均年净效益：77.45 元。

【例 8-5】 某管道输水灌溉试验区是老井灌区，将土渠灌溉改为管道灌溉，工程总投

资为 315 123 元，年运行费用为 172 864 元，年增产效益为 219 666 元，改造前后灌区指标如表 8 - 6 所示。试对该试验区进行经济效益分析。

表 8 - 6　改造前后灌区指标

项目名称	改造前（土渠输水）			改造后（管道输水）			备　注
	小麦	玉米	其他（以棉花为主）	小麦	玉米	其他（以棉花为主）	
种植面积/亩	7 475	7 162	770	8 745	8 379	900	控制面积 改造前：9 000 亩 改造后：10 529 亩
灌水定额/（m³/亩）	70	70	70	42	42	42	
年灌水次数/（次/a）	3	1	1	4	1	1	

解：本试验区属老井灌区。为分析投资效果，采用将管道灌溉与土渠灌溉进行对比的方法计算该项工程的经济效益，即计算两种灌溉方式的工程投资、年运行费用、增产效益的差值。考虑到资金的时间价值，采用动态分析法进行计算，投资年作为基准年，年初作为折算的基点，经济报酬率取 7%，地下管道的经济使用寿命按 20 年计算。

（一）管灌较渠灌的工程投资增值

由于该试验区兴建前后井、机泵、输配电线路基本无变化，只需计算试验区管道工程的总投资。管道工程总投资表如表 8 - 7 所示。

表 8 - 7　管道工程总投资表

投资项目	管材费	管件费	运输费	管道安装费	青苗赔偿费	土方工程费	规划设计费	合计
投资额/元	132 971	38 938	19 316.5	39 410.43	45 000	26 987.32	12 500	315 123
内部比例	42.2%	12.4%	6.1%	12.5%	14.3%	8.5%	4%	100%

（二）管灌与渠灌年运行费用对比计算

年运行费用主要包括能耗费、管道维修费、软管更新费、灌溉用工费等，分别计算如下。

1. 管灌年运行费用

（1）能耗费。试验区采用管灌，年灌水 44 259 亩次，总提水量为 185.89 万 m³，1 000 m³ 水能耗 174.25 kW·h，电价（包括电工工资在内）按 0.25 元/（kW·h）计，则年需能耗费约为 80 978 元。

（2）管道维修费。取维修费率为 1%，则管道维修费需 3 151 元/a。

（3）软管更新费。本试验区有 269 个系统，年需消耗软管长度 75 × 2 × 269 = 40 350（m），平均单价 1.07 元/m，则年需软管更新费约为 43 175 元。

（4）灌溉用工费。管灌全试验区年需用工 18 224 个，日工资按 10 元计，则年需灌溉用工费为 182 240 元。

2. 渠灌年运行费用

（1）能耗费。土渠灌溉年灌水共 30 357 亩次，总提水量为 212.5 万 m^3，1 000 m^3 水能耗 170 kW·h，年需能耗费约为 90 313 元。

（2）灌溉用工费。采用土渠灌溉，年需用工 20 238 个，日工资按 10 元计，则年需灌溉用工费为 202 380 元。

（3）土渠修筑费。采用土渠灌溉共需田间土渠长度 27 万 m，按每工日修筑 250 m 计，共需劳务工日 1 080 个，日工资按 10 元计算，该项年费用为 10 800 元。

综合上述分析计算，本试验区管灌与渠灌年运行费用如表 8-8 所示。

表 8-8　管灌与渠灌年运行费用对照表

项目	年灌水亩次	能耗费 /元	管道维修费 /元	软管更新费 /元	灌水用工费 /元	土渠修筑费 /元	合计 /元
管灌	44 259	80 978	3 151	43 175	182 240	0	309 544
渠灌	30 357	90 313	0	0	202 380	10 800	303 493
差值	13 902	-9 335	3 151	43 175	-20 140	-10 800	6 051

（三）管灌较渠灌作物增产效益

1. 增加灌水次数的增产效益

本试验区增加灌水次数的小麦面积为 7 475 亩，每亩增产 34 kg，年增收小麦 254 150 kg，按 0.5 元/kg 计算，年增产值为 127 075 元。

2. 扩浇效益

改造后扩浇小麦面积为 1 270 亩，扩浇玉米面积为 1 217 亩，和无灌溉条件相比可增收小麦 226 060 kg，增收玉米 87 624 kg。取水利分摊系数为 0.5，则扩浇效益为 72 287 元（玉米单价按 0.36 元/kg 计算）。

3. 节地增收效益

该试验区节地面积 168.5 亩，按小麦、玉米两季计算，小麦单产 278 kg，玉米单产 297 kg。经分析，农田耕种净收益与产值的比值约为 0.49，则节地增收效益为 20 304 元。

综合上述分析计算，该试验区的管灌较渠灌作物年增产效益为 219 666 元（表 8-9）。

表 8-9　管灌较渠灌作物年增产效益统计表

增产项目	增加灌水次数	扩浇面积	节　地	合　计
增产值/元	127 075	72 287	20 304	219 666

（四）经济分析

1. 采用静态分析法按式（8-2）、式（8-3）分别计算还本年限和总效益系数

$$T = \frac{K}{B-C} = \frac{315\ 123}{219\ 666 - 6\ 051} \approx 1.48 \ (a)$$

$$E = \frac{B-C}{K} = \frac{213\ 615}{315\ 123} \approx 0.678$$

该管灌试验区按静态分析法计算，还本年限为 1.48 年，总效益系数为 0.678，该工程效益非常显著。

2. 按动态法计算

该试验区采用管灌，和渠灌相比工程投资增值为 315 123 元，年运行费用增值为 6 051 元，作物增产效益为 219 666 元/a，年费用增值按表 8 - 5 中的式 4 计算如下：6 051 + 315 123 × (A/P) = 315 123 × $\{7\% \times (1 + 7\%)^{20} / [(1 + 7\%)^{20} - 1]\}$ + 6 051 ≈ 35 796（元）。

（五）有关技术经济指标计算

1. 综合经济效益指标

根据式（8 - 11）计算年净收益：

$$\overline{P}_0 = 219\ 666 - 35\ 796 = 183\ 870\ （元）$$

根据式（8 - 8）计算年经济效益费用比：

$$219\ 666 \div 35\ 796 \approx 6.137$$

根据静态分析法计算结果，还本年限为 1.48 年。因此，取接近于静态分析法的计算结果，将有关数据代入式（8 - 13），按动态分析法计算投资回收年限。

当 $t = 1.5$ 年时，累计净收益为 296 141.36（元）。

当 $t = 1.6$ 年时，累计净收益为 314 662.196（元）。

当 $t = 1.7$ 年时，累计净收益为 332 911.58（元）。

计算结果表明，当 $t = 1.6$ 时，累计净收益和工程投资总值比较接近，故该工程按动态分析法计算的还本年限应确定为 1.6 年。

由以上计算可知，对工程投资较小且当年投资当年见效的小型农田水利工程进行经济效益分析时，采用静态分析法与动态分析法计算的结果比较接近。因此，可采用静态分析法进行这类工程的经济效益经济分析计算。

2. 单项技术经济指标

管灌和渠灌相比，亩均基建投资增加（管灌工程亩均投资）315 123 ÷ 10 529 ≈ 29.93（元）。

亩次节水：(70 - 42) ÷ 70 × 100% = 40%。

亩次节能：(70 × 0.17 - 42 × 0.174 25) ÷ (70 × 0.17) × 100% = 38.5%。

节约耕地：168.5 ÷ 10 529 × 100% ≈ 1.6%。

亩次灌水省工：(70 ÷ 17.5 - 42 ÷ 17) × 2 ÷ 12 ≈ 0.255（工日）。

以上分析计算的只是该工程主要的、直接的经济效益，由此可见，此项管道输水灌溉工程投资少、效益高。从工程投资内部比例可见，在总投资中可用劳务抵偿（包括青苗占压在内）的部分约占30%，说明在黄淮海平原中低产地区经济不太发达、劳务工值不高的条件下发展管道输水灌溉，有广阔的前景。

本章小结

　　投资费用是指工程达到设计效益所需的全部建设费用，包括国家、集体和群众等各种形式的投入。年运行费用是指水利工程正常运行期间每年所需的费用。水利工程效益计算应计算设计年和多年平均两项效益指标，需要注意的是，对于农田灌溉，还应计算特殊干旱年的效益。在缺乏不同水文年灌溉增产资料时，可将平水年的灌溉增产效益作为设计年和多年平均增产效益进行计算。

　　农田水利工程经济效益分析的方法有两种，分别是静态分析法和动态分析法。静态分析法在投资费用、运行费用和效益分析中，不考虑资金的时间价值，计算较简便，适用于规模小、投资少、工期和回收年限短的工程。静态分析法因不考虑资金的时间价值，与实际略有差异。动态分析法适用于投资多、周期长的大中型灌溉工程。在效益分析过程中需要注意各种费用的构成和分析方法的计算内容，根据具体情况选择适当的分析方法进行效益分析。此外，需要将单位技术经济指标作为综合经济评估的补充指标，对部分浮动因素进行敏感性分析。

复习思考题

　　1. 节水灌溉的投资费用和年运行费用主要包括哪些方面？

　　2. 节水灌溉效益计算主要从哪几个方面考虑？

　　3. 如何进行节水灌溉的效益分析？

　　4. 结合实践谈谈如何提高节水灌溉的效益。

参 考 文 献

［1］康绍忠，蔡焕杰．农业水管理学．北京：中国农业出版社，1996．

［2］山仑，康绍忠，吴普特．中国节水农业．北京：中国农业出版社，2004．

［3］施坰林．节水灌溉新技术．北京：中国农业出版社，2007．

［4］郭元裕．农田水利学．3版．北京：水利水电出版社，1997．

［5］汪志农．灌溉排水工程学．2版．北京：中国农业出版社，2013．

［6］陈亚新，康绍忠．非充分灌溉原理．北京：水利电力出版社，1995．

［7］陕西省水利水土保持厅，西北农业大学．陕西省作物需水量及分区灌溉模式．北京：水利电力出版社，1992．

［8］傅琳，董文楚，郑耀泉．微灌工程技术指南．北京：水利电力出版社，1988．

［9］水利部农村水利司，中国灌溉排水技术开发培训中心．喷灌与微灌设备．北京：中国水利水电出版社，1998．

［10］李援农，马孝义，李建明．保护地节水灌溉技术．北京：中国农业出版社，2000．

［11］水利部农村水利司，中国灌溉排水技术开发培训中心．管道输水工程技术．北京：中国水利水电出版社，1998．

［12］李晓，孙福文，张兰亭．管道灌溉系统的管材与管件．北京：科学出版社，1996．

［13］许志方，沈佩君．水利工程经济学．北京：水利电力出版社，1987．